JN268497

工科系数学セミナー

常微分方程式

鶴見和之・稲垣嘉男・大矢正義・佐藤 穂
濃野聖晴・堀口 博・五島奉文・中島幸喜 共著

$$y' = f(x, y)$$

TDU 東京電機大学出版局

まえがき

　微分方程式は微積分学と共に発生し，以来長い歴史があり，多くの研究がなされ，その応用も多方面にわたっている．現在，数学を必要とする分野では，多くの場合，その現象は微分方程式によって表され，それを解くことによって解明される．したがって，微分方程式はどの分野を専攻するにしても必要な知識であり，そのテクニックを身につけておくことは大切なことである．

　本書は微積分学および線形代数学を学んだ学生諸君のための「常微分方程式」の教科書として書いたものである．微分方程式には「常微分方程式」と「偏微分方程式」とがあるが，本書では偏微分方程式は取り扱わないので，特にことわらない限り「微分方程式」とは「常微分方程式」を意味するものとする．

　本書は7つの章から成り，第1章は微分方程式の導入部である．第2章は1階微分方程式の求積法による解法を与える．第3章は1階微分方程式に帰着できる2階微分方程式の解法であるが，この方法は2階以上の微分方程式にも適用できるものである．第4章は高階微分方程式の解法で，種々の興味ある解法があり，読者自身も種々の解法を工夫できるところである．本書で最も重点を置いた章でもある．第5章は求める関数が2個以上である連立微分方程式の解法である．第6章はラプラス変換による微分方程式の解法であるが，ラプラス変換そのものも数学上重要なものである．第7章は微分方程式の力学・電気回路への応用である．微分方程式は物理学，工学ばかりでなく経済学等へも応用されるが，ページ数の関係で，本章では応用例のほんの一端を示したものである．各節には多数の問題を配列してあるが，これらの問題を解くことによって，計算方法を習得することができると共にその内容もよく理解できるものと信ずる．

　本書の執筆にあたり，岡本美雪さんには原稿を注意深く読み，多くの助言をいただきました．ここに記して深く感謝の意を表します．

2000年2月

著 者 一 同

目　次

第1章　微分方程式　　1
1　微分方程式とその解，初期条件 …………………………1
2　微分方程式の生成と意義 …………………………………5

第2章　1階微分方程式　　11
1　変数分離形 …………………………………………………11
2　変数分離形に帰着できる微分方程式 ……………………14
3　完全微分方程式 ……………………………………………19
4　積分因子 ……………………………………………………22
5　線形微分方程式 ……………………………………………26
6　微分によって解ける微分方程式 …………………………30

第3章　特殊な形の2階微分方程式　　37
1　x, y, y'のいずれかを含まない微分方程式 ……………37
2　同次形 ………………………………………………………44
3　2階線形微分方程式 ………………………………………48

第4章　線形微分方程式　　51
1　線形微分方程式およびその解 ……………………………51
2　微分演算子 …………………………………………………57
3　定数係数線形斉次微分方程式 ……………………………62
4　非斉次線形微分方程式 ……………………………………66
5　オイラー形の微分方程式 …………………………………74

第5章　連立微分方程式　　76
1　1階連立微分方程式 …………………………………76
2　定数係数線形連立微分方程式 …………………………83

第6章　ラプラス変換　　92
1　ラプラス変換の定義と基本定理 ………………………92
2　ラプラス変換の性質 ……………………………………96
3　ラプラス変換の例 ……………………………………103
4　ラプラス逆変換 ………………………………………108
5　微分方程式の解法 ……………………………………114
6　連立微分方程式の解法 ………………………………118

第7章　応用問題　　125
1　力　学 …………………………………………………125
2　電気回路 ………………………………………………138

索　引　　149

第1章 微分方程式

1 微分方程式とその解,初期条件

　未知関数の導関数を含む方程式を**微分方程式**という.yを独立変数xの未知関数とし,その逐次導関数を$y', y'', \cdots, y^{(n)}$と表すとき,たとえば,

$$y' - 2xy = 3x \tag{1.1.1}$$

$$y'' - 2y' - 3y = 0 \tag{1.1.2}$$

$$\left(y^{(n)}\right)^2 + (x-y)y^{(n)} - xy = 0 \tag{1.1.3}$$

などは微分方程式である.また,x, yを独立変数とし,uをその未知関数とするとき,

$$x\frac{\partial u}{\partial y} - y\frac{\partial u}{\partial x} = 0 \tag{1.1.4}$$

$$\frac{\partial^2 u}{\partial x^2} + \frac{\partial^2 u}{\partial y^2} = 0 \tag{1.1.5}$$

なども微分方程式である.
　(1.1.1),(1.1.2),(1.1.3)式のように独立変数が1つのとき,**常微分方程式**といい,(1.1.4),(1.1.5)式のように独立変数が2個以上で偏導関数を含むとき,**偏微分方程式**という.
　微分方程式が満たされるように未知関数を定めることを**微分方程式を解く**といい,その定められた関数を微分方程式の**解**という.
　本書においては,常微分方程式のみを考察するので,"微分方程式"とは常微分方程式を意味するものとする.
　微分方程式に含まれる導関数の最高の階数をnとする.すなわち,

$$F(x, y, y', \cdots, y^{(n)}) = 0 \tag{1.1.6}$$

と表されるとき，これを**n階**であるという．また，最高階の導関数のべき数をこの微分方程式の**次数**という．n階の微分方程式が

$$y^{(n)} + a_1(x)y^{(n-1)} + \cdots + a_n(x)y = b(x) \tag{1.1.7}$$
$$(a_1(x), \cdots, a_n(x), b(x) は x のみの関数)$$

と表されるとき，**線形**であるといい，$a_1(x), \cdots, a_n(x)$ を**係数**という．線形でないものを**非線形**という．

(1.1.7)式において，$b(x) = 0$ のとき，すなわち

$$y^{(n)} + a_1(x)y^{(n-1)} + \cdots + a_n(x)y = 0 \tag{1.1.7}'$$

を**斉次**または**同次**であるという．たとえば，

$$y''' + 2x^2 y'' + 3y = \sin x \quad : \quad 3階非斉次線形微分方程式$$
$$y'' + (y')^2 + y^3 = 0 \quad : \quad 2階非線形微分方程式$$
$$y'' + xy' + 2y = 0 \quad : \quad 2階斉次線形微分方程式$$
$$(y''')^2 + 2y'' + y^3 = x^3 \quad : \quad 3階2次非斉次微分方程式$$

また，微分方程式(1.1.6)が

$$y^{(n)} = G(x, y, y', \cdots, y^{(n-1)}) \tag{1.1.8}$$

と表されるとき，この形を**正規形**という．

未知関数が2個以上のときは，微分方程式も2個以上の式で与えられる．すなわち，独立変数 x の未知関数を $y_1, \cdots, y_m$ とするとき，方程式が

$$\begin{cases} F_1(x, y_1, \cdots, y_m, y_1', \cdots, y_m', \cdots, y_1^{(n)}, \cdots, y_m^{(n)}) = 0 \\ \quad \cdots\cdots \\ F_m(x, y_1, \cdots, y_m, y_1', \cdots, y_m', \cdots, y_1^{(n)}, \cdots, y_m^{(n)}) = 0 \end{cases} \tag{1.1.9}$$

で与えられるとき，これを**連立微分方程式**という．たとえば，

$$\begin{cases} \dfrac{dy_1}{dx} = a_1 y_1 + b_1 y_2 \\ \dfrac{dy_2}{dx} = a_1 y_1 + b_2 y_2 \end{cases}$$

は連立微分方程式である．

n 階微分方程式の解で，n 個の任意定数を含むものを**一般解**といい，これらの任意定数に特定の値を代入して得られる解を**特殊解**という．また，微分方程式によっては一般解でも特殊解でもない解をもつ場合がある．これを**特異解**という．微分方程式を**解く(解法)**とは一般解(特殊解)と特異解を求めることである．

たとえば，微分方程式

$$y'' - 3y' + 2y = 0$$

は，一般解として，$y = C_1 e^x + C_2 e^{2x}$ (C_1, C_2 は任意定数)をもち，特殊解として，$y = e^x + e^{2x}$ 等をもつ．しかし，特異解をもたない．また，微分方程式

$$(y')^2 + xy' - y = 0$$

は，一般解として，$y = Cx + C^2$ (C は任意定数)をもち，特殊解として，$y = x + 1$ 等をもち，特異解として，$y = -\dfrac{1}{4}x^2$ (これは一般解の任意定数にある特定の値を代入して得られるものではない)をもつ．

微分方程式の解を求める場合，すべての解が必要なのではなく，ある条件を満たす解がほしい場合が生ずる．この場合，重要な条件として，初期条件と境界条件がある．

初期条件(1点における条件): n 階微分方程式において，解 $y = y(x)$ が

「1点 $x = a$ において，$y(a) = b, \ y'(a) = b_1, \cdots, y^{(n-1)}(a) = b_{n-1}$」 (1.1.10)

という条件を与えると，1つの解(特殊解) $y = y(x)$ が得られる．この条件(1.1.10)を与えられた微分方程式の初期条件といい，a, b, $b_1, \cdots, b_{n-1}$ を**初期値**という．

境界条件(2点以上の点における条件): $n (\geqq 2)$ 階微分方程式の特殊解は，2個以上の点における値が与えられても，決定することができる．この条件を境界条件といい，それらの値を**境界値**という．

初期条件が与えられて，微分方程式を解く問題を**初期値問題**といい，境界条件が与えられて，微分方程式を解く問題を**境界値問題**という．

微分方程式の解法において，式の変形，変数変換，不定積分の有限回の使用によって，解を求める方法を**求積法**という．微分方程式 $F(x, y, y') = 0$ を求積法に

よって解く場合に，y は x の関数であるとともに，x は y の関数であるとも考えられる．このとき $y'=dy/dx$ は微分商とみる．このとき，微分方程式

$$\frac{dy}{dx}=\frac{f(x,\ y)}{g(x,\ y)}$$

を

$$f(x,\ y)dx-g(x,\ y)dy=0$$

とも表す．

ここで，"n 階微分方程式の解の存在と一意性"について考える．そのために，$f=f(x_1,x_2,\cdots,x_n)$ は区間

$$\mathrm{I}:|x_1-a_1|\leqq r_1,|x_2-a_2|\leqq r_2,\cdots,|x_n-a_n|\leqq r_n$$

における(n 変数の)関数とする．定数 $K>0$ がとれて，区間 I 内の任意の 2 点 $(x_1,x_2,\cdots,x_n)$，$(z_1,z_2,\cdots,z_n)$ に対して

$$|f(x_1,x_2,\cdots,x_n)-f(z_1,z_2,\cdots,z_n)|\leqq K\sum_{j=1}^{n}|x_j-z_j| \tag{1.1.11}$$

が成り立つとき，関数 f は区間 I で**リプシッツ(Lipshitz)の条件**を満たすという．

このとき，微分方程式の解の存在と一意性について次の定理が成り立つ：

定理 1 n 階微分方程式

$$y^{(n)}=f(x,\ y,\ y',\cdots,y^{(n-1)}) \tag{1.1.12}$$

において，関数 f が区間

$$\mathrm{I}:|x-a|\leqq r,\ |y-b|\leqq R,\ |y'-b_1|\leqq R,\cdots,|y^{(n-1)}-b_{n-1}|\leqq R \tag{1.1.13}$$

において連続で，$y,y',\cdots,y^{(n-1)}$ の関数として，リプシッツの条件を満たせば，初期条件

$$y(a)=b,\ y'(a)=b_1,\cdots,y^{(n-1)}(a)=b_{n-1} \tag{1.1.14}$$

を満たす解：$y=y(x)$ は区間 $\mathrm{I}':|x-a|\leqq \rho$ において，ただ 1 つ存在する．ここで，ρ は r と R/M との小さい方の値で，M は区間 I における $|f|$ の最大値である．

n 階微分方程式は連立微分方程式に直すことができるから，定理1は次の定理2の系として導かれる．

定理2 連立微分方程式

$$\begin{cases} \dfrac{dy_1}{dx} = f_1(x, y_1, \cdots, y_n) \\ \dfrac{dy_2}{dx} = f_2(x, y_1, \cdots, y_n) \\ \cdots\cdots \\ \dfrac{dy_n}{dx} = f_n(x, y_1, \cdots, y_n) \end{cases} \qquad (1.1.15)$$

において，関数 $f_1, f_2, \cdots, f_n$ は区間

$$\mathrm{I}: |x-a| \leqq r, |y_1-b_1| \leqq R, \cdots, |y_n-b_n| \leqq R \qquad (1.1.16)$$

で連続で，$y_1, y_2, \cdots, y_n$ の関数として，リプシッツの条件を満たせば，微分方程式(1.1.15)は初期条件

$$y_1(a) = b_1, \ y_2(a) = b_2, \cdots, y_n(a) = b_n$$

を満たす解の組：$y_1 = y_1(x), \ y_2 = y_2(x), \cdots, y_n = y_n(x)$ が区間

$$\mathrm{I}': |x-a| \leqq \rho$$

において，ただ1組存在する．ここで ρ は $r, \ R/M_1, \cdots, R/M_n$ の最小値で，$M_j \ (j=1, \cdots, n)$ は区間 I における $|f_j|$ の最大値である．

---

2 微分方程式の生成と意義

物理学，工学の多くの法則や関係式は微分方程式を用いて表される．また，最近では，社会現象や経済学の諸問題の解決にも微分方程式が使われるようになった．

本節では，微分方程式がどのように導かれるかを例示し，微分方程式の意義を考える．

例 1
曲線 C 上の点 P における接線の x 切片と y 切片との和が $k(>0)$ であるような曲線 C の満たす微分方程式を導け．

(解答) 曲線 C を $y = f(x)$ とし，P(X, Y) とすると，P における接線は
$$y - Y = Y'(x - X) \qquad (Y' = f'(X))$$
この直線の

x 切片： $-Y = Y'(x - X)$

$\therefore \quad x = X - \dfrac{Y}{Y'}$

y 切片： $y - Y = -XY'$

$\therefore \quad y = Y - XY'$

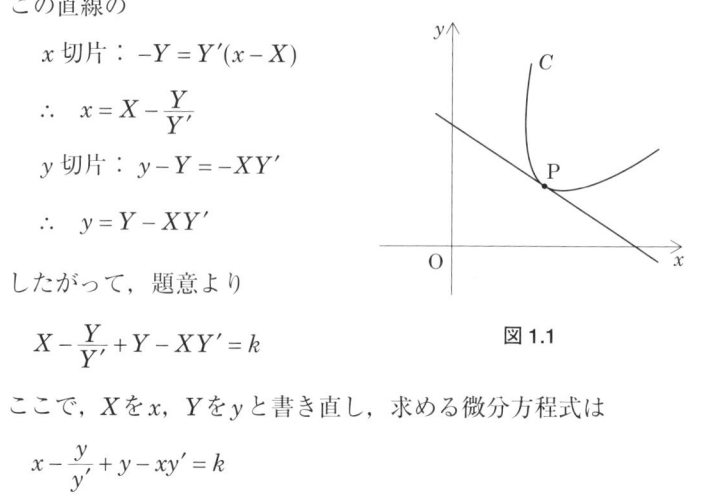

したがって，題意より
$$X - \frac{Y}{Y'} + Y - XY' = k$$

ここで，X を x，Y を y と書き直し，求める微分方程式は
$$x - \frac{y}{y'} + y - xy' = k$$

図 1.1

曲線 C 上の点 P における接線および法線が x 軸と交わる点をそれぞれ Q，R とするとき，PQ の長さを**接線の長さ**，PR の長さを**法線の長さ**という．また，P から x 軸に下ろした垂線の足を P$'$ とするとき，P$'$Q の長さを**接線影の長さ**，P$'$R の長さを**法線影の長さ**という．C を $y = f(x)$ とし，P(X, Y) とすると，Q および R の x 座標 x_Q，x_R は
$$x_Q = X - \frac{Y}{Y'}, \quad x_R = X + YY'$$

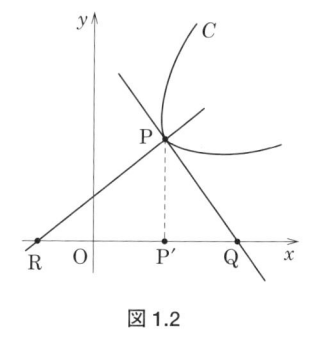

図 1.2

となる．

例2

(1) 接線の長さが一定$(k>0)$である曲線の表す微分方程式は

$$\overline{\mathrm{PQ}} = \left|\frac{Y\sqrt{1+(Y')^2}}{Y'}\right| = k \quad \text{より} \quad y' = \pm\frac{y}{\sqrt{k^2-y^2}}$$

(2) 法線の長さが一定$(k>0)$である曲線の表す微分方程式は

$$\overline{\mathrm{PR}} = \left|Y\sqrt{1+(Y')^2}\right| = k \quad \text{より} \quad y' = \pm\frac{\sqrt{k^2-y^2}}{y}$$

例3 次の式より定数A, Bを消去して，その関係が満たされる微分方程式を作れ．

(1) $y = A\cos 2x + B\sin 2x$ 　　(2) $y = Ax + A^2$

(3) $y = Ax + B$

（解答）
(1) $y' = -2A\sin 2x + 2B\cos 2x$, $y'' = -4(A\cos 2x + B\sin 2x)$
∴ $y'' + 4y = 0$

(2) $y' = A$．これを与式に代入し，$y = xy' + (y')^2$

(3) $y' = A$, $y'' = 0$

例4 質点Pがx軸上を運動するとき，Pの加速度aが一定ならば，時刻tにおける位置xは微分方程式

$$\frac{d^2x}{dt^2} = a \qquad \cdots\cdots ①$$

を満たす．これを積分し，速度

$$v = \frac{dx}{dt} = at + v_0 \qquad (v_0 は t=0 における速度) \qquad \cdots\cdots ②$$

が得られ，さらにこれを積分し，Pの位置xは

$$x = \frac{1}{2}at^2 + v_0 t + x_0 \qquad (x_0 は t=0 における P の位置) \qquad \cdots\cdots ③$$

となる．ここで，②と③より，次の式が得られる

$$\left(\frac{dx}{dt}\right)^2 - 2ax + 2ax_0 - v_0^2 = 0 \qquad \cdots\cdots ④$$

これは，③式が2階微分方程式①の解であるとともに，1階微分方程式④の解でもあるということを示している．

例5 （強制振動） 図1.3のようなバネに結びつけられた質量mの質点に作用する力が，平衡からのずれxに比例して上向きの力$-kx$（下向きを+にとる）と時刻tの関数である強制力$F(t)$の2つであるとすると，この質点の運動方程式は（運動の第2法則により）次の微分方程式で与えられる

$$m\frac{d^2x}{dt^2} = -kx + F(t)$$

または

$$m\frac{d^2x}{dt^2} + kx = F(t)$$

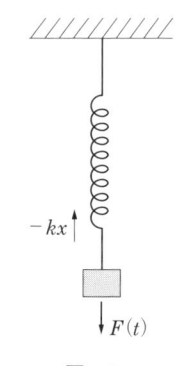

図1.3

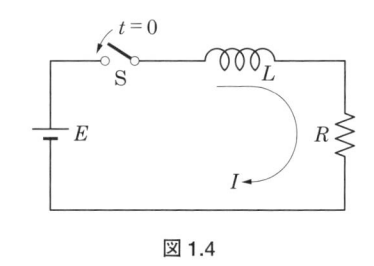

例6 （**LR回路**） 図1.4のような自己インダクタンスLと抵抗Rとの直列回路に直流起電力Eを加えた場合に，スイッチSを閉じたt秒後に流れる電流$I(t)$はキルヒホッフの第2法則によって，回路方程式は次の線形微分方程式によって与えられる

$$L\frac{dI}{dt} + RI = E$$

図1.4

次に，微分方程式

$$y' = f(x, y) \tag{1.2.1}$$

を考える(ここで，$f(x, y)$はxy平面の領域Dで定義された関数とする)．いま，「初期条件：$x = a$のとき，$y = b$」が与えられると，特殊解 $y = g(x)$が得られる．これは1つの曲線を表す，これを**解曲線**という．解曲線$y = g(x)$は点(a, b)を通り，この曲線上の任意の点$P(x_0, y_0)$における接線の傾きは$g'(x_0)$であり，

$$g'(x_0) = f(x_0, g(x_0)) = f(x_0, y_0)$$

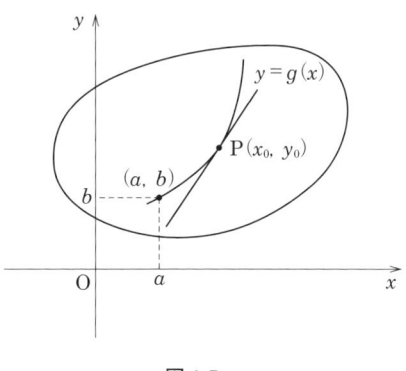

図 1.5

となる．

すなわち，解曲線上の任意の点における接線の傾きは，その点における $f(x, y)$の値に等しい．逆に，曲線$y = g(x)$が与えられたとき，この曲線上の各点における接線の傾きがその点での$f(x, y)$の値に等しければ

$$g'(x) = f(x, g(x))$$

したがって，$y = g(x)$は微分方程式の解である．

いま，y'を曲線の傾き(方向係数)とみると，微分方程式(1.2.1)はDの各点で $f(x, y)$なる傾きが与えられたものであると考えられる．このような領域と傾きとを合わせた概念を**方向場**という．したがって，「初期条件：$x = a$のとき，$y = b$」を満たす(1.2.1)の解を求めるということは，方向場$f(x, y)$が与えられたとき，点(a, b)を通る曲線で，その各点における接線の傾きが方向場におけるその点の傾きと一致するものを求めることである．図1.6は，微分方程式：$y' = x + y$によって定まる方向場を示したものであり，図1.7は解曲線：$y = e^x - x - 1$を示したものである．

図 1.6

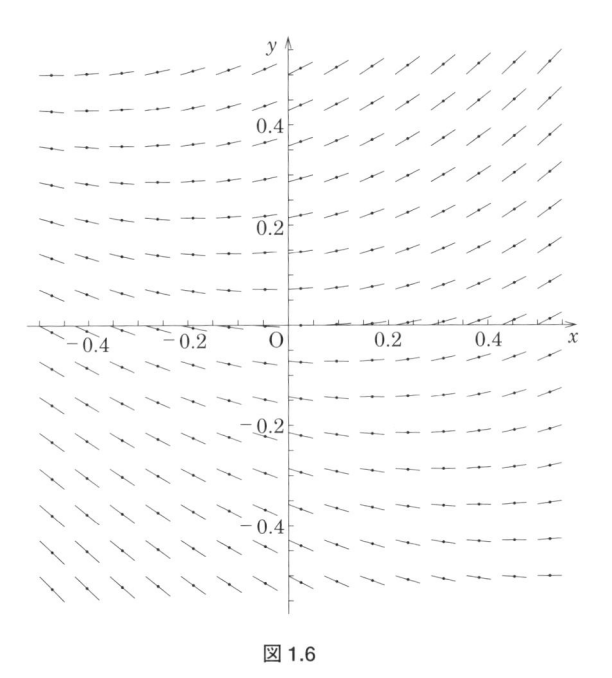

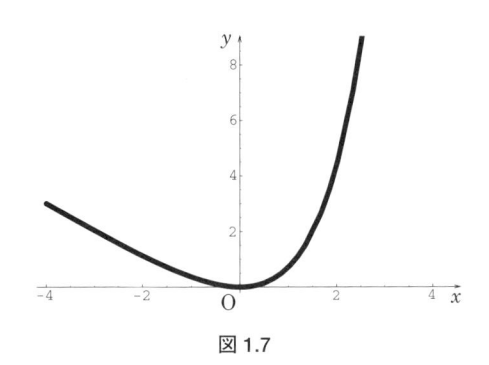

図 1.7

第2章　1階微分方程式

1　変数分離形

1階微分方程式が

$$\frac{dy}{dx} = f(x)g(y) \tag{2.1.1}$$

$$(f(x) はxのみの関数, g(y) はyのみの関数)$$

と表されるとき，これを**変数分離形**という．

いま，$g(y) \neq 0$ ならば，(2.1.1)式は次のように変形できる

$$\frac{1}{g(y)} \frac{dy}{dx} = f(x)$$

この両辺を x で積分し

$$\int \frac{1}{g(y)} \frac{dy}{dx} dx = \int f(x)dx + C \quad （Cは任意定数）$$

したがって，(2.1.1)式の一般解は次の式で与えられる

$$\int \frac{dy}{g(y)} = \int f(x)dx + C \tag{2.1.2}$$

もし，$g(y_0) = 0$ となる y_0 があれば，$y = y_0$（定数関数）も解である．

一般の微分方程式 $F(x, y, y') = 0$ を (2.1.1) の形に変形することを変数を分離するという．

また，$M(x) = f(x), N(y) = -1/g(y)$ とおくと，(2.1.1)式は

$$M(x)dx + N(y)dy = 0 \tag{2.1.3}$$

と表され，(2.1.2)式は次のようにも表される

$$\int M(x)dx + \int N(y)dy = C \tag{2.1.4}$$

例1 微分方程式 $y' = \sin x$ を解き，$x = 0$ のとき $y = 1$ となる解曲線を描け．

(解答) $\dfrac{dy}{dx} = \sin x \quad \therefore \quad y = \int \sin x \, dx + C = -\cos x + C$

$x = 0$ のとき，$y = 1$ だから，$-\cos 0 + C = -1 + C = 1$

$\therefore \quad C = 2$

$\therefore \quad y = -\cos x + 2$

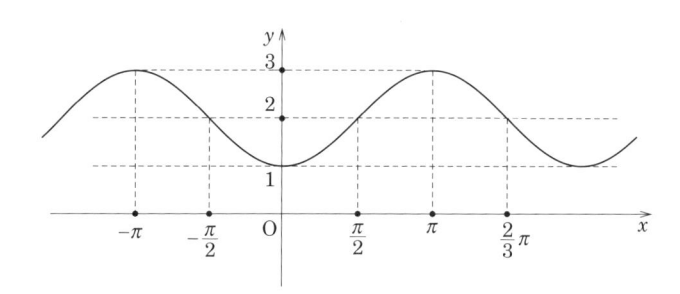

図 2.1

例2 微分方程式：$xy' = 2y$ を解け．

(解答) $x\dfrac{dy}{dx} = 2y \quad \Rightarrow \quad \dfrac{dy}{y} = 2\dfrac{dx}{x}$

したがって，

$\int \dfrac{dy}{y} = 2\int \dfrac{dx}{x} + C$

$\therefore \quad \log y = 2\log x + \log C$

解：$y = Cx^2$

例3 微分方程式：$(1 + y^2)dx - (1 + x^2)dy = 0$ を解け．

(解答) $(1 + y^2)dx = (1 + x^2)dy \quad \Rightarrow \quad \dfrac{dy}{1+y^2} = \dfrac{dx}{1+x^2}$

したがって

解：$\tan^{-1} y - \tan^{-1} x = C$

問題

〔1〕 次の微分方程式を解き，$x=3$ のとき $y=1$ となる解曲線を描け．

(1) $y' + y = 0$ (2) $(x+1)y' = y$

(3) $x\,dy - 3dx = 0$ (4) $(x+2)dy - 3y\,dx = 0$

(5) $dy - \cos x\,dx = 0$ (6) $x^2 dy - (x^2 - 1)dx = 0$

〔2〕 次の微分方程式を解け．

(1) $y' = 2y^2$ (2) $y' = 6xy^2$

(3) $y' = e^{2x+3y}$ (4) $(1+x) + (1+y)y' = 0$

(5) $yy' + xy^2 = x$ (6) $(x-1)y' = x(y^2 + 1)$

(7) $(1-x)y - (1-y)x\dfrac{dy}{dx} = 0$ (8) $\dfrac{dy}{dx} = \dfrac{x - \sin x}{y + \cos y}$

(9) $\dfrac{dy}{dx} + \dfrac{2y}{x - 3xy} = 0$ (10) $\dfrac{dy}{dx} = \dfrac{x^3 + 2x^2 + 5}{y^4 - 3y^2 + 2y - 1}$

(11) $\dfrac{dy}{dx} = \dfrac{y^2}{(1+y)}\cos x$ (12) $\cos x\,dy + 3y \sin x\,dx = 0$

(13) $x\sqrt{1-y^2}\,dx + y\sqrt{1-x^2}\,dy = 0$ (14) $\log(x+1)dx + \dfrac{y}{x}dy = 0$

(15) $(x^2 + 2x - 3)dy + \sqrt{y^2 - 1}\,dx = 0$ (16) $(x^2 + 9)dy + (y^2 + 4)dx = 0$

(17) $\cos x\,dy - y \sin x\,dx = 0$ (18) $y\,dy - \sin^2 x\,dx = 0$

〔3〕 バクテリアの増殖する速さは，その数に比例する．2時間後に最初にあった数の2倍になったとすると，6時間後には最初の数の何倍になるか．

〔4〕 ラジウムはα粒子を出しラドンに変わる．その変化する量の速さはその量に比例し，その半減期は1590年であるという．最初にあった量の1/10になるのは何年後か．

2 変数分離形に帰着できる微分方程式

[1] 微分方程式が

$$\frac{dy}{dx} = f\left(\frac{y}{x}\right) \quad (f(u) は u のみの関数) \tag{2.2.1}$$

で与えられるとき，これを**同次形**という．同次形微分方程式は変数変換

$$u = \frac{y}{x}, \quad y = xu \tag{2.2.2}$$

によって

$$y' = u + xu'$$

したがって，これを用いて (2.2.1) 式は次のように x と u との変数分離形に直すことができる：

$$u + x\frac{du}{dx} = f(u) \quad \therefore \quad \frac{du}{dx} = \frac{f(u) - u}{x} \tag{2.2.3}$$

したがって，この微分方程式の解

$$\int \frac{du}{f(u) - u} = \log x + C \tag{2.2.4}$$

が得られ，この左辺の積分を求め，これに $u = y/x$ を代入して，(2.2.1) 式の解が得られる．

また，$f(u_0) = u_0$ となる定数 u_0 があれば，$y = u_0 x$ も解である．

例 1 微分方程式：$\dfrac{dy}{dx} = \left(\dfrac{y}{x}\right)^2 + \dfrac{y}{x} - 1$ を解け．

(解答) $y = xu$ とおくと，与微分方程式は

$$u + x\frac{du}{dx} = u^2 + u - 1 \quad \therefore \quad x\frac{du}{dx} = u^2 - 1$$

$$\frac{du}{u^2 - 1} = \frac{dx}{x} \quad (u^2 - 1 \neq 0 \text{ ならば})$$

これより

$$\log \frac{u-1}{u+1} = 2\log x + \log C \qquad \therefore \quad \frac{u-1}{u+1} = Cx^2$$

$$\therefore \quad u = \frac{1+Cx^2}{1-Cx^2}$$

また，$u^2 - 1 = 0$ ならば $u = \pm 1$

したがって，

解：$\begin{cases} y = \dfrac{x(1+Cx^2)}{1-Cx^2} \\ y = \pm x \end{cases}$

[2] 微分方程式

$$\frac{dy}{dx} = f\left(\frac{ax+by+c}{a'x+b'y+c'}\right) \tag{2.2.5}$$

（c と c' とのうち少なくとも1つは0でない）

は同次形ではないが，次のようにして同次形に直すことができる：

(a) $ab' - a'b \neq 0$ の場合

連立方程式

$$\begin{cases} ax + by + c = 0 \\ a'x + b'y + c' = 0 \end{cases} \tag{2.2.6}$$

は，ただ1つの解 (x_0, y_0) をもつ．このとき，変数変換

$$\begin{cases} X = x - x_0 \\ Y = y - y_0 \end{cases} \qquad \begin{cases} x = X + x_0 \\ y = Y + y_0 \end{cases} \tag{2.2.7}$$

によって

$$\begin{cases} ax + by + c = aX + bY \\ a'x + b'y + c' = a'X + b'Y, \end{cases} \qquad \frac{dy}{dx} = \frac{dY}{dX}$$

したがって，微分方程式 (2.2.6) は変数変換 (2.2.7) によって，次の同次形に直る：

$$\frac{dY}{dX} = f\left(\frac{aX + bY}{a'X + b'Y}\right)$$

(b) $ab' - a'b = 0$ の場合

$\dfrac{a'}{a} = \dfrac{b'}{b} = k$ とする. $u = ax + by + c$ とおくと, $b \neq 0$ ならば,

$$y = \dfrac{1}{b}(u - ax - c)$$

$$\therefore \quad \dfrac{dy}{dx} = \dfrac{1}{b}\left(\dfrac{du}{dx} - a\right), \quad f\left(\dfrac{ax + by + c}{a'x + b'y + c'}\right) = f\left(\dfrac{u}{ku + c' - kc}\right)$$

したがって, (2.2.5)式は次の変数分離形に直る:

$$\dfrac{du}{dx} = bf\left(\dfrac{u}{ku + c' - kc}\right) + a$$

($b = 0$ の場合, $b' = 0$ ならば, (2.2.5)式の右辺は x のみの関数であり, 変数分離形となる. また, $a = 0$ ならば,

$$u = \dfrac{a'x + b'y + c'}{c} \quad (c \neq 0)$$

とおくと, 上の場合と同様にして, 変数分離形に直る).

例2 微分方程式: $(2x + 2y - 1)dx - (6x - 2y - 3)dy = 0$ を解け.

(解答) 連立方程式 $\begin{cases} 2x + 2y - 1 = 0 \\ 6x - 2y - 3 = 0 \end{cases}$ を解き, 解 $x = \dfrac{1}{2}, \ y = 0$ を得る.

したがって, $x = X + \dfrac{1}{2}, \ y = Y$ とおくと, 与微分方程式は

$$\dfrac{dY}{dX} = \dfrac{2X + 2Y}{6X - 2Y} = \dfrac{X + Y}{3X - Y}$$

ゆえに, $Y = Xu$ とおくと,

$$X\dfrac{du}{dX} = \dfrac{1 + u}{3 - u} - u = -\dfrac{(u - 1)^2}{u - 3} \quad \therefore \quad \dfrac{u - 3}{(u - 1)^2} du = -\dfrac{dX}{X}$$

これより

$$\log(u - 1) + 2\dfrac{1}{u - 1} = -\log X + \log C = \log\dfrac{C}{X}$$

$$\therefore \quad \dfrac{2}{u - 1} = \log\dfrac{C}{(u - 1)X} \quad \therefore \quad \dfrac{C}{X(u - 1)} = e^{\frac{2}{u-1}}$$

よって, これに, $X = x - \dfrac{1}{2}, \ u = \dfrac{Y}{X} = \dfrac{2y}{(2x - 1)}$ を代入して,

解：$\dfrac{C}{2y-2x+1} = e^{\frac{2(2x-1)}{2y-2x+1}}$　　（$2C$ をあらためて C とおき）

[3] 微分方程式
$$M(x,y)dx + N(x,y)dy = 0 \tag{2.2.8}$$
において，$y = ux^k$ とおき，k を適当に定めて，(2.2.8)式を変数分離形に直すことができる場合がある．

例3　微分方程式：$(y^2 - 3x^2y)dx + x^3 dy = 0$ を解け．

（解答）　$y = ux^k$ とおき，これを与微分方程式に代入すると
$$(u^2 x^{2k} - 3x^{2+k}u)dx + x^3(kx^{k-1}u dx + x^k du)$$
$$= (u^2 x^{2k} - 3x^{2+k}u + kx^{2+k}u)dx + x^{k+3}du = 0$$
ここで，$\{u^2 x^{2k} - (3-k)x^{2+k}u\}$ が変数分離するためには，x の次数が等しくなることである．すなわち，$2k = 2 + k$　　$\therefore\ k = 2$

このとき，
$$(u^2 - u)x^4 dx + x^5 du = 0 \quad \therefore\ \dfrac{du}{u(1-u)} = \dfrac{dx}{x}$$
これを積分し
$$\log \dfrac{u}{u-1} = \log x + C \quad \therefore\ \dfrac{u}{u-1} = Cx \quad \therefore\ u = \dfrac{Cx}{Cx - 1}$$
よって，
解：$y = \dfrac{Cx^3}{Cx - 1}$

問　題

〔1〕 次の微分方程式を解け（a, b は定数）．

(1) $xy' = x - y$　　(2) $y^2 + x^2 y' = xyy'$　　(3) $(x^2 - y^2)dx = 2xy\,dy$

(4) $xy' = ax + by$　　(5) $(x - y) + (x + y)y' = 0$　　(6) $xyy' = x^2 + y^2$

(7) $y\sin\left(\dfrac{y}{x}\right) = \left(x\sin\dfrac{y}{x} - \dfrac{x^2}{y}\right)y'$　　(8) $x^2 y - (x^3 + y^3)y' = 0$

(9) $x^2 dy = (y^2 - 2xy + 2x^2)dx$　　(10) $xy\,dy = (ax^2 + by^2)dx$

〔2〕 次の微分方程式を解け．

(1) $y' = \dfrac{y + x - 1}{y - x + 2}$　　(2) $y' = \dfrac{x - 2y + 3}{2x + 2y - 5}$　　(3) $y' = \dfrac{3x - y - 4}{x - 3y - 5}$

(4) $(x - 2y)dx - (2x - 4y + 3)dy = 0$　　(5) $3(2x + y)y' = 2x + y + 5$

(6) $(y - x + 1)dx - (y - x + 2)dy = 0$　　(7) $(x + 1)y' = x + 2y + 3$

(8) $(x - y + 1)y' = 2x - y + 1$

〔3〕 変数変換 $y = ux^k$ によって，次の微分方程式を解け．

(1) $(y^2 + x^4)dx - x^3 dy = 0$　　(2) $xy^2 y' = (2y^3 - x^2)$

(3) $x\,dy - (xy^2 - 3y)dx = 0$　　(4) $xy^2 dx + (1 - x^2 y)dy = 0$

(5) $2x^3 y^3 dx = (1 + x^2 y + x^4 y^2)dy$　　(6) $4x^3 dx - (y + x^2)dy = 0$

〔4〕 括弧内の変換によって，次の微分方程式を解け．

(1) $2(x^2 yy' + xy^2) = \tan(x^2 y^2)$　　　$[u = x^2 y^2]$

(2) $e^y y' = 3(-x + e^y) + 1$　　　$[u = e^y - x]$

(3) $y' = \tan(y + x^k) - kx^{k-1}$　　　$[u = y + x^k]$

(4) $(x\sin y)y' = \sqrt{1 - x^2 \cos^2 y} + \cos y$　　　$[u = x\cos y]$

〔5〕 微分方程式

$$\frac{dr}{d\theta} + \frac{k^2}{r}\sin 2\theta = 0 \qquad (k>0)$$

の解で，$\theta = 0$ のとき $r = k$ となる解曲線を描け．

〔6〕 1辺の長さ a の正方形の紙上の四隅に4匹の蟻がいる．4匹の蟻がそれぞれの隅より右側の蟻に向かって同じ速さで動くとき，その経路を求めよ．

3 完全微分方程式

微分方程式
$$M(x,\ y)dx + N(x,\ y)dy = 0 \qquad (2.3.1)$$
において，この左辺がある関数 $u(x,\ y)$ の全微分
$$du = \frac{\partial u}{\partial x}dx + \frac{\partial u}{\partial y}dy \qquad (2.3.2)$$
となるとき，微分方程式(2.3.1)は**完全**であるという．このとき，
$$M(x,\ y) = \frac{\partial u}{\partial x}, \qquad N(x,\ y) = \frac{\partial u}{\partial y} \qquad (2.3.3)$$
で(2.3.1)式の解は
$$u(x,\ y) = C$$
で与えられる．

$M(x,\ y),\ N(x,\ y)$ は $x,\ y$ に関して連続な偏導関数をもつとする．もし，(2.3.1)式が完全ならば，(2.3.3)式により

$$\frac{\partial M}{\partial y} = \frac{\partial^2 u}{\partial y \partial x} = \frac{\partial^2 u}{\partial x \partial y} = \frac{\partial N}{\partial x} \text{\ 注)}$$

$$\therefore\ \frac{\partial M}{\partial y} = \frac{\partial N}{\partial x} \qquad (2.3.4)$$

注) $x,\ y$ の偏導関数の順序の変更に関して次の定理が成り立つ（シュワルツの定理）：関数 $g(x,\ y)$ について，偏導関数 $\frac{\partial g}{\partial x},\ \frac{\partial g}{\partial y},\ \frac{\partial^2 g}{\partial x \partial y}$ が存在し連続ならば，$\frac{\partial g}{\partial y}$ は x に関して偏微分可能で，$\frac{\partial^2 g}{\partial y \partial x} = \frac{\partial^2 g}{\partial x \partial y}$ である．

逆に(2.3.4)が成り立てば，(2.3.3)の第1式

$$\frac{\partial u}{\partial x} = M(x, y)$$

を(yを固定し)xについて積分すると

$$u(x, y) = \int_{x_0}^{x} M(x, y)dx + A(y) \tag{2.3.5}$$

ここで，Aはyのみの関数で，このuが(2.3.3)の第2式を満たすように$A(y)$を定める．そのために

$$\frac{\partial u}{\partial y} = \frac{\partial}{\partial y}\left(\int_{x_0}^{x} M(x, y)dx\right) + A'(y)$$

この右辺の第1項の積分と偏微分の順序を入れ替え，条件式(2.3.4)により

$$= \int_{x_0}^{x} \frac{\partial M}{\partial y} dx + A'(y) = \int_{x_0}^{x} \frac{\partial N}{\partial x} dx + A'(y)$$

$$= N(x, y) - N(x_0, y) + A'(y) = N(x, y) \quad ((2.3.3)\text{の第2式より})$$

$$\therefore \ A'(y) - N(x_0, y) = 0 \qquad \therefore \ A'(y) = N(x_0, y)$$

このA'をyで積分し

$$A(y) = \int_{y_0}^{y} N(x_0, y)dy$$

これを(2.3.5)式に代入し$u(x, y)$が得られる．すなわち，

$$u(x, y) = \int_{x_0}^{x} M(x, y)dx + \int_{y_0}^{y} N(x_0, y)dy \tag{2.3.6}$$

このuは条件(2.3.2)を満たす．このuは(2.3.3)の第1式をxについて積分して求めたが，第2式をyについて積分し同様の手続きによってuを求めることができる．このとき，uは次のようになる：

$$u(x, y) = \int_{y_0}^{y} N(x, y)dy + \int_{x_0}^{x} M(x, y_0)dx \tag{2.3.7}$$

以上により，次の定理が得られる：

> **定理1**
> 微分方程式(2.3.1)が完全であるための必要十分条件は(2.3.4)が成り立つことである．このとき，$u(x, y)$は，(2.3.6)または(2.3.7)で与えられる．

例 次の微分方程式は完全であることを示し，解け．
$$(3x^2y^4 - y^2)dx + (4x^3y^3 - 2xy)dy = 0$$

(解答) $M = 3x^2y^4 - y^2$, $N = 4x^3y^3 - 2xy$ とおくと

$$\frac{\partial M}{\partial y} = 12x^2y^3 - 2y, \quad \frac{\partial N}{\partial x} = 12x^2y^3 - 2y$$

$$\therefore \quad \frac{\partial M}{\partial y} = \frac{\partial N}{\partial x}$$

よって，与式は完全微分方程式であり，公式(2.3.6)により

$$u(x, y) = \int_{x_0}^{x} (3x^2y^4 - y^2)dx + \int_{y_0}^{y} (4x_0^3y^3 - 2x_0y)dy$$

$$= x^3y^4 - xy^2 - (x_0^3y_0^4 - x_0y_0^2)$$

ここで，x_0, y_0 は定数だから，

解：$x^3y^4 - xy^2 = C$

問 題

〔1〕完全微分方程式の解を与える u は次のようにも表されることを示せ．

$$u(x, y) = \int M dx + \int \left\{ N - \frac{\partial}{\partial y} \int M dx \right\} dy$$

〔2〕次の微分方程式を完全なものと，完全でないものに分けよ．

(1) $x\,dx + 2y\,dy = 0$ (2) $y\,dx - x\,dy = 0$

(3) $2x\,dy - y\,dx = 0$ (4) $2dx + \dfrac{y}{x}dy = 0$

(5) $\cos x \cos y\, dx + \sin x \sin y\, dy = 0$ \quad (6) $\left(y - \sqrt{xy}\right)dx + \left(x + \sqrt{xy}\right)dy = 0$

(7) $2x\, dx + (x^2 + 2y + y^2)dy = 0$ \quad (8) $\cos x\, dx + (\cos y + 1)dy = 0$

〔3〕 次の微分方程式が完全となるように定数 a, b, c を定めよ．

(1) $2y\, dx + (ax + by)dy = 0$ \quad (2) $a\dfrac{y^2}{x^2}dx + b\dfrac{y}{x}dy = 0$

(3) $\dfrac{ay\, dx - bx\, dy}{y^2 - cx^2} = 0$ \quad (4) $\dfrac{ay\, dx + bx\, dy}{y^2} = 0$

(5) $ax^3 y^4 dx + bx^4 y^3 dy = 0$

(6) $(ax^2 - 2xy + by)dx + (y^2 - cx^2 + x)dy = 0$

〔4〕 次の微分方程式は完全であることを示し，解け（a, b, c は定数）．

(1) $x\, dx + y\, dy = 0$ \quad (2) $y\, dx + x\, dy = 0$

(3) $y\, dx + (x + 3y)dy = 0$ \quad (4) $(ax + by)dx + (bx + cy)dy = 0$

(5) $5x^4 y\, dx + x^5 dy = 0$ \quad (6) $(x^3 + x^2 y^3)dx + (x^3 y^2 + y^3)dy = 0$

(7) $(ay - x^2)dx + (ax - y^2)dy = 0$ \quad (8) $\dfrac{1}{x}dx + \dfrac{1}{y}dy = 0$

(9) $\left(y + \dfrac{1}{x^2}\right)dx + (x + y)dy = 0$ \quad (10) $\left(\dfrac{1}{x} + 3x^2 y\right)dx + \left(x^3 - \dfrac{1}{y}\right)dy = 0$

(11) $\dfrac{y}{x^2}dx - \dfrac{1}{x}dy = 0$ \quad (12) $\dfrac{x-y}{x^2}dx + \dfrac{2xy+1}{x}dy = 0$

(13) $(e^x \cos y + 2x)dx - (e^x \sin y - 2y)dy = 0$ \quad (14) $\dfrac{\cos x}{\cos y}dx + \dfrac{\sin x \sin y}{\cos^2 y}dy = 0$

4 積分因子

微分方程式

$$M(x, y)dx + N(x, y)dy = 0 \tag{2.4.1}$$

は完全ではないが，適当な関数 $\mu(x, y)$ をこの両辺にかけた式

$$\mu(x, y)M(x, y)dx + \mu(x, y)N(x, y)dy = 0 \tag{2.4.2}$$

が完全微分方程式となるとき，関数 $\mu(x, y)$ を (2.4.1) の**積分因子**あるいは**積分因数**という．たとえば，微分方程式
$$2y\,dx + x\,dy = 0$$
は，$M = 2y$, $N = x$ とおくと，$\partial M/\partial y = 2$, $\partial N/\partial x = 1$ となり，完全ではない．しかし，この両辺に，$\mu(x,y) = x$ をかけると
$$2xy\,dx + x^2\,dy = 0$$
$\mu M = 2xy$, $\mu N = x^2$ で，$\partial(\mu M)/\partial y = 2x$, $\partial(\mu N)/\partial x = 2x$ となり，完全微分方程式になる．

いま，$\mu(x, y)$ を (2.4.1) の積分因子とすると，前節 (2.3.4) 式によって
$$\frac{\partial(\mu M)}{\partial y} = \frac{\partial(\mu N)}{\partial x} \quad \therefore \quad \frac{\partial \mu}{\partial y}M + \mu\frac{\partial M}{\partial y} = \frac{\partial \mu}{\partial x}N + \mu\frac{\partial N}{\partial x}$$
が成り立たなければならない．したがって，次の定理が成り立つ．

> **定理2**
>
> (2.4.1) の積分因子 $\mu(x, y)$ は次の偏微分方程式の解である．
> $$M\frac{\partial \mu}{\partial y} - N\frac{\partial \mu}{\partial x} = \left(\frac{\partial N}{\partial x} - \frac{\partial M}{\partial y}\right)\mu \tag{2.4.3}$$

ここで，偏微分方程式 (2.4.3) を解いて積分因子 $\mu(x, y)$ を求めることは困難である．したがって，一般の場合に積分因子を求めることは難しいが，特別な場合として，$\mu(x, y)$ が x のみ，あるいは y のみ，xy の関数であることが初めから予想されるとき，$\mu(x, y)$ は次のように求められる．

(a) μ が x のみの関数である場合，$\left(\dfrac{\partial N}{\partial x} - \dfrac{\partial M}{\partial y}\right)/N = \varphi(x\text{のみの関数})$ のとき，$\partial \mu/\partial \mu = 0$ であるから，(2.4.3) より
$$\frac{\partial \mu}{\partial x} = -\varphi(x)\mu$$
これを解いて，積分因子
$$\mu(x) = e^{-\int \varphi(x)dx}$$

が得られる．

(b) μ が y のみの関数で，$\left(\dfrac{\partial N}{\partial x} - \dfrac{\partial M}{\partial y}\right)/M = \psi(y)$ （y のみの関数）のとき，積分因子は
$$\mu(y) = e^{\int \psi(y)dy}$$

(c) μ が xy の関数のとき，$z = xy$ とおくと，
$$\frac{\partial \mu}{\partial x} = \frac{d\mu}{dz}\frac{\partial z}{\partial x} = y\frac{d\mu}{dz}, \qquad \frac{\partial \mu}{\partial y} = \frac{d\mu}{dz}\frac{\partial z}{\partial y} = x\frac{d\mu}{dz}$$

これと (2.4.3) 式によって
$$(xM - yN)\frac{d\mu}{dz} = \mu\left(\frac{\partial N}{\partial x} - \frac{\partial M}{\partial y}\right)$$

したがって，$\left(\dfrac{\partial N}{\partial x} - \dfrac{\partial M}{\partial y}\right)/(xM - yN) = \xi(xy)$ （$xy = z$ のみの関数） ならば，
$$\frac{d\mu}{dz} = \xi(z)\mu \qquad \therefore \quad \mu = e^{\int \xi(z)dz}$$

また，次の式は積分因子を求めるのに有効である：

(d) $d(x^m y^n) = mx^{m-1}y^n dx + nx^m y^{n-1} dy$

(e) $d(f(x) + g(y)) = f'(x)dx + g'(y)dy$

(f) $d\left(\dfrac{f(x)}{g(y)}\right) = \dfrac{f'(x)}{g(y)}dx - \dfrac{f(x)g'(y)}{(g(y))^2}dy$

(g) $d\left(\tan^{-1}\dfrac{y}{x}\right) = \dfrac{x\,dy - y\,dx}{x^2 + y^2}$

(h) $d(xe^{ay}) = e^{ay}dx + ae^{ay}x\,dy = e^{ay}(dx + ax\,dy)$

(i) $d(f(x)e^{ay}) = f'(x)e^{ay}dx + af(x)e^{ay}dy$

(j) $d(f(x)\sin ay) = f'(x)\sin ay\,dx + af(x)\cos ay\,dy$

(k) $d(f(x)\cos ay) = f'(x)\cos ay\,dx - af(x)\sin ay\,dy$

4 積分因子

例1 次の微分方程式の積分因子 μ を求め，解け．

$$2y^2 dx + 3xy\, dy = 0$$

（解答） $\mu = x^m y^n$ とおき，これを与式の両辺にかけると

$$2x^m y^{n+2} dx + 3x^{m+1} y^{n+1} dy = 0$$

ここで，$P = 2x^m y^{n+2}$，$Q = 3x^{m+1} y^{n+1}$ とおくと

$$\frac{\partial P}{\partial y} = 2(n+2) x^m y^{n+1}, \quad \frac{\partial Q}{\partial x} = 3(m+1) x^m y^{n+1}$$

したがって $\dfrac{\partial P}{\partial y} = \dfrac{\partial Q}{\partial x}$ となるためには，$2(n+2) = 3(m+1)$，すなわち，$3m - 2n = 1$．これを満たす m, n，たとえば，$m = n = 1$ にとればよい．このとき，

$$2xy^3 dx + 3x^2 y^2 dy = 0$$

これを解くと，

$$u(x, y) = \int_{x_0}^{x} (2xy^3) dx + \int_{y_0}^{y} (3x_0^2 y^2) dy = x^2 y^3 - x_0^2 y_0^3$$

解：$x^2 y^3 = C$

例2 次の微分方程式の積分因子 μ を求め，解け．

$$e^{x+y} \sin y\, dx + e^{x+y} \cos y\, dy = x\, dy - dx$$

（解答） 右辺は，24ページの(h)式によって，$x\, dy - dx = -e^y d(xe^{-y})$

また，左辺は(j)式において，$f(x) = e^x$ とおくと

$$d(e^x \sin y) = e^x \sin y\, dx + e^x \cos y\, dy$$

したがって，左辺は

$$e^{x+y} \sin y\, dx + e^{x+y} \cos y\, dy = e^y (e^x \sin y\, dx + e^x \cos y\, dy)$$

$$= e^y d(e^x \sin y)$$

ゆえに，$\mu = e^{-y}$．したがって，与方程式は次のようになる：

$$d(e^x \sin y) + d(xe^{-y}) = 0$$

解：$e^x \sin y + xe^{-y} = C$

問　題

次の微分方程式の積分因子 μ を求め，解け（a, b は定数）.

(1) $3y\,dx + x\,dy = 0$

(2) $y\,dx - x\,dy = 0$

(3) $y\,dx - 2x\,dy = 0$

(4) $y(y - 3x^2)\,dx - x(2x^2 - 3y)\,dy = 0$

(5) $dx + \dfrac{x}{y}\,dy = 0$

(6) $ax^a y^{b+1}\,dx + bx^{a+1} y^b\,dy = 0$

(7) $(x^2 + y^2)\,dx - 2xy\,dy = 0$

(8) $(x - y)\,dx + (2x^2 y + x)\,dy = 0$

(9) $\left(x + \dfrac{1}{x}\log y\right)dx + \dfrac{1}{y}\,dy = 0$

(10) $y\,dx - (x - x^2 \sin y)\,dy = 0$

(11) $(xy\log y + y)\,dx + (x^2 + 2xy)\,dy = 0$

(12) $\cos x \cos y\,dx + \sin x \sin y\,dy = 0$

5　線形微分方程式

線形微分方程式

$$y' + P(x)y = Q(x) \qquad (P(x),\ Q(x) は x のみの関数) \tag{2.5.1}$$

の一般解を求めるために，斉次微分方程式

$$y' + P(x)y = 0 \tag{2.5.2}$$

を考える．この微分方程式は変数分離形であるから，一般解は

$$y = Ae^{-\int P dx} \qquad (A は定数) \tag{2.5.3}$$

で与えられる．ここで (2.5.1) 式の一般解を求めるために，(2.5.3) の定数 A を x の関数とみて，(2.5.1) 式に代入すると

$$A'e^{-\int P dx} - APe^{-\int P dx} + PAe^{-\int P dx} = Q(x)$$

$$\therefore\ A'e^{-\int P dx} = Q(x) \qquad \therefore\ A' = Q(x)e^{\int P dx}$$

これを積分し，

$$A = \int \left(Q(x)e^{\int Pdx}\right)dx + C$$

これを (2.5.3) に代入して一般解

$$y = e^{-\int pdx}\left\{\int \left(Q(x)e^{\int Pdx}\right)dx + C\right\} \tag{2.5.4}$$

が得られる．この解法を**定数変化法**という．

例1 微分方程式：$y' - xy = x$ を解け．

(解答) $P(x) = -x$, $Q(x) = x$

$$\therefore \int Pdx = -\frac{1}{2}x^2, \quad \int \left(Qe^{\int Pdx}\right)dx = \int \left(xe^{-\frac{1}{2}x^2}\right)dx = -e^{-\frac{1}{2}x^2}$$

一般解： $y = e^{\frac{1}{2}x^2}\left\{-e^{-\frac{1}{2}x^2} + C\right\} = Ce^{\frac{1}{2}x^2} - 1$

例2 次の手順で微分方程式 (2.5.1) の解 (2.5.4) を導け．

(1) 関数 $g(x)$ を (2.5.1) の両辺にかけ，$gy' + gPy = (gy)'$ となるような g の条件より

$$\frac{dg}{dx} = Pg \tag{2.5.5}$$

を導け．

(2) (2.5.5) を解け．

(3) (2)で求めた g を用いて，解 (2.5.4) を導け．

(解答) (1) $(gy)' = g'y + gy'$, $gy' + gPy = (gy)'$ より

$g'y = gPy$ ∴ $g' = Pg$

(2) $g' = Pg$ を解くと $g = e^{\int Pdx}$ (積分定数を 0 として)．

(3) $g = e^{\int Pdx}$ とし，(2.5.1) より

$$(gy)' = gy' + gPy = gQ$$
$$\therefore \quad gy = \int gQ\,dx + C \qquad \therefore \quad y = e^{-\int P dx}\left\{\int Qe^{\int P dx}dx + C\right\}$$

次の微分方程式
$$y' + P(x)y = Q(x)y^n \qquad (n \neq 0,\ 1) \tag{2.5.6}$$
(これを**ベルヌーイ**(Bernoulli)**の微分方程式**という)は線形ではないが，$u = y^{1-n}$ とおくと，(2.5.6)式は u についての線形微分方程式
$$u' + (1-n)P(x)u = (1-n)Q(x) \tag{2.5.7}$$
となる．また，$n \geq 1$ のときは，$y = 0$ も解となる．

例3 微分方程式：$3y' + xy = xy^{-2}$ を解け．

(解答) 与方程式の両辺に y^2 をかけると
$$3y^2 y' + xy^3 = x \qquad \cdots\cdots ①$$
ここで，$u = y^3$ とおくと，$u' = 3y^2 y'$．したがって，①は次のようになる
$$u' + xu = x$$
これを解くと
$$u = e^{-\frac{x^2}{2}}\left(e^{\frac{x^2}{2}} + C\right) = 1 + Ce^{-\frac{x^2}{2}}$$

解：$y^3 = 1 + Ce^{-\frac{x^2}{2}}$

問　題

〔1〕 次の微分方程式を解け（a, b は定数）.

(1) $y' + y = 1$　　(2) $y' + y = x - 4$　　(3) $xy' + y = x$

(4) $y' + y = ax + b$　　(5) $y' + 2xy = x$　　(6) $y' + x^2 y = ax^2$

(7) $y' - y = 2e^x$　　(8) $y' - y\cos x = \cos x$

(9) $x^2 y' - xy = a$　　(10) $y' = ax^2 - y$

(11) $(1 + x^2)y' + 2xy = 1$　　(12) $xy' + 3y = x^{-3}$

(13) $y' + y\sin x = e^{\cos x}$　　(14) $xy' - y = x \log x$

〔2〕 次の微分方程式を解け.

(1) $y' + y = y^2$　　(2) $y' + y = (x - 4)y^3$　　(3) $xy' + y = xy^{-2}$

(4) $xy' = x^3 y^6 - y$　　(5) $y' - xy = xy^2$　　(6) $y' = -y\tan x + 2y^4 \sec x$

(7) $xy' + y = 2xy^5 \log x$　　(8) $y' + 2xy + y^4 e^{3x^2} = 0$

(9) $y' + x^{-1} y - y^2 \log x = 0$　　(10) $(y\sin x - y^3 \sin x)dx - 2dy = 0$

(11) $y' + y\cos x - y^2 \cos x = 0$　　(12) $(1 - x^2)y' - xy = 3xy^2$

(13) $(x^2 y^3 + y)^{-1} y' = 1$　　(14) $y + 2y' + (1 - x)y^3 = 0$

〔3〕 $g(y)$ を y の関数とするとき, 微分方程式: $g'(y)\dfrac{dy}{dx} + P(x)g(y) = Q(x)$ は線形微分方程式に直すことができることを示し, 次の微分方程式を解け.

(1) $\dfrac{1}{y}y' + \dfrac{1}{x}\log y = 1$　　(2) $y'x\cos y + \sin y = x$

(3) $y' + 2x = xe^{-y}$　　(4) $2yy' - x = xe^{-y^2}$

6 微分によって解ける微分方程式

本節において $p = \dfrac{dy}{dx}$ とする.

[1] $y = xp + f(p)$ (2.6.1)

この形の微分方程式を**クレーロー(Clairout)の微分方程式**という. この微分方程式を解くために両辺を x で微分すると

$$\frac{dy}{dx}(=p) = p + x\frac{dp}{dx} + f'(p)\frac{dp}{dx} \quad \therefore \quad (x + f'(p))\frac{dp}{dx} = 0$$

ゆえに, ① $\dfrac{dp}{dx} = 0$, または, ② $x + f'(p) = 0$

①より,

$p = C$ （C は任意）

これを (2.6.1) 式に代入して, 一般解

$$y = Cx + f(C) \tag{2.6.2}$$

が得られる. ②と (2.6.1) 式とを連立させて（p を助変数とみて）1つの解が得られる. すなわち

$$\begin{cases} y = xp + f(p) \\ x = -f'(p) \end{cases} \tag{2.6.3}$$

より p を消去して得られる式で, この解は (2.6.2) 式の任意定数 C に特定の値を代入して得られるものではない. すなわち, 解 (2.6.3) は特殊解でなく, 特異解である.

例 1 微分方程式：$y = xp - p^2$ を解け.

（解答） 与方程式の両辺を x で微分し

$$\frac{dy}{dx}(=p) = p + x\frac{dp}{dx} - 2p\frac{dp}{dx}$$

$$\therefore \quad (x - 2p)\frac{dp}{dx} = 0$$

一般解：$y = Cx - C^2$

特異解：$\begin{cases} y = xp - p^2 \\ x = 2p \end{cases}$

∴ $y = \dfrac{1}{4}x^2$

直線：$y = Cx - C^2$（一般解）は放物線：$y = \dfrac{1}{4}x^2$（特異解）上の点 $(2C, C^2)$ における接線である．

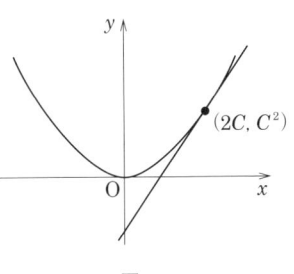

図 2.2

C を助変数とする曲線群
$$F(x, y, C) = 0 \qquad (2.6.4)$$
において，この任意の曲線と接する曲線 Γ（もし存在すれば）を曲線群 (2.6.4) の**包絡線**という．包絡線 Γ は (2.6.4) と，(2.6.4) を C で偏微分した式
$$F_C(x, y, C) = 0 \qquad (2.6.5)$$
とから C を消去して得られる（(2.6.4) と (2.6.5) とから C を消去して得られた曲線は包絡線にならない場合もある）．例 1 において，曲線 $y = \dfrac{1}{4}x^2$ は直線群 $y = Cx - C^2$ の包絡線である．微分方程式

$$F(x, y, p) = 0 \qquad (p = y') \qquad (2.6.4)'$$

において，p を助変数とみて，$(2.6.4)'$ と

$$F_p(x, y, p) = 0 \qquad (2.6.5)'$$

とから p を消去して得られる関数 $y = g(x)$ が $(2.6.4)'$ の解であるかどうかは，これが $(2.6.4)'$ 式を満たすかどうかということである．

図 2.3

曲線群 (2.6.4) の各曲線と直交する曲線を**直交曲線**という．直交曲線の全体を**直交曲線群**という．(2.6.4) を一般解にもつ微分方程式を

$$f(x, y, y') = 0 \qquad (2.6.6)$$

とすると，直交曲線群の満たす微分方程式は

$$f\left(x,\ y,\ -\frac{1}{y'}\right) = 0 \tag{2.6.7}$$

で与えられ，この微分方程式の一般解を求めると，直交曲線群が得られる．

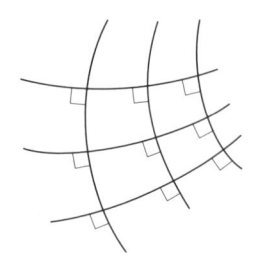

[2] $y = xf(p) + g(p)$ (2.6.8)

図 2.4

この形の微分方程式を**ラグランジュ**（Lagrange）（または，**ダランベール**(d'Alembert)）**の微分方程式**という．

この微分方程式も，両辺をxで微分すると

$$p = f(p) + xf'(p)\frac{dp}{dx} + g'(p)\frac{dp}{dx} \tag{2.6.9}$$

ここで，$f(p) = p$ならばクレーローの微分方程式となるから，$f(p) \neq p$とする．ここで，$\dfrac{dp}{dx} = 1 / \dfrac{dx}{dp}$であるから，(2.6.9)式は次のように変形される：

$$\frac{dx}{dp} + \frac{f'(p)}{f(p)-p}x = \frac{g'(p)}{p-f(p)} \tag{2.6.10}$$

これは，x, pに関する線形微分方程式となり，この一般解

$$x = Ch_1(p) + h_2(p) \quad (C は任意定数) \tag{2.6.11}$$

が得られ，(2.6.8)と(2.6.11)より（pを消去して），(2.6.8)の一般解が得られる．また，もし，$f(p) - p = 0$を満たすpが存在すれば，これをp_0とすると，$p = p_0$を(2.6.8)に代入した式

$$y = xf(p_0) + g(p_0) \tag{2.6.12}$$

も(2.6.8)の解である．しかし，この解は特異解とは限らない(特異解のこともあるし，特殊解のこともある)．

例2 微分方程式：$y = xp^2 + p^2$ を解け．

(解答) 両辺をxで微分すると

$$p = p^2 + 2xp\frac{dp}{dx} + 2p\frac{dp}{dx}$$

$$\therefore \quad p\left\{(p-1) + 2x\frac{dp}{dx} + 2\frac{dp}{dx}\right\} = 0$$

したがって，

① $p = 0$，または，② $(p-1) + 2x\dfrac{dp}{dx} + 2\dfrac{dp}{dx} = 0$

①のとき，これを与式に代入して，$y = 0$

②について，$\dfrac{dp}{dx} = 1/\dfrac{dx}{dp}$ によって②を変形すると

$$\frac{dx}{dp} + \frac{2}{p-1}x = -\frac{2}{p-1}$$

これを解いて

$$x = -1 + \frac{C^2}{(p-1)^2} \qquad \therefore \quad p = \frac{C}{\sqrt{x+1}} + 1$$

これを与微分方程式に代入して，一般解

$$y = \left(\sqrt{x+1} + C\right)^2$$

を得る．また，$p^2 - p = 0$ より，$p = 0$，または $p = 1$．したがって，解

$$\begin{cases} p = 0 \text{のとき，} y = 0 \\ p = 1 \text{のとき，} y = x+1 \end{cases} \quad (C = 0 \text{とした特殊解})$$

これより

解：$\begin{cases} y = \left(\sqrt{x+1} + C\right)^2 \\ y = 0 \end{cases}$

---

[3] $y = f(x, p)$ (2.6.13)

この形の微分方程式の両辺をxで微分すると

$$p = \frac{\partial f}{\partial x} + \frac{\partial f}{\partial p}\frac{dp}{dx}$$

これは x と p との関係式であるから，この微分方程式の解

$$g(x, p, C) = 0 \tag{2.6.14}$$

が得られ，(2.6.13)と(2.6.14)とから p を消去して，一般解が得られる．

例3 微分方程式：$2px = y - x$ を解け．

（解答）　与式より，$y = 2px + x$

これを x で微分すると

$$p = 2p + 2x\frac{dp}{dx} + 1 \quad \therefore \quad 2x\frac{dp}{dx} + (p+1) = 0$$

これを解いて，

$$x = \frac{C}{(p+1)^2}$$

この式と与方程式より，

一般解：$4Cx = (y + x)^2$

[4] $\quad x = f(y, p) \tag{2.6.15}$

この形の微分方程式は両辺を y で微分すると

$$\frac{dx}{dy} = \frac{\partial f}{\partial y} + \frac{\partial f}{\partial p}\frac{dp}{dy}$$

この左辺は $\frac{dx}{dy} = 1 / \frac{\partial y}{\partial x} = \frac{1}{p}$ であるから

$$\frac{1}{p} = \frac{\partial f}{\partial y} + \frac{\partial f}{\partial p}\frac{dp}{dy} \tag{2.6.16}$$

が得られるが，これは y と p との関係式であり，この式の解

$$g(y, p, C) = 0 \tag{2.6.17}$$

が得られ，(2.6.15)と(2.6.17)とから p を消去して，(2.6.15)の一般解が得られる．

例4 微分方程式：$p = xy - x$ を解け．

(解答) 与式より $p = x(y-1)$ ∴ $x = \dfrac{p}{y-1}$

この両辺を y で微分すると

$$\frac{dx}{dy}\left(= \frac{1}{p}\right) = \frac{\dfrac{dp}{dy}(y-1) - p}{(y-1)^2}$$

∴ $p\dfrac{dp}{dy}(y-1) - p^2 = (y-1)^2$

ここで，$p\dfrac{dp}{dy} = \dfrac{1}{2}\dfrac{d}{dy}p^2$ より，$q = p^2$ とおくと

$$\frac{1}{2}(y-1)\frac{dq}{dy} - q = (y-1)^2$$

∴ $\dfrac{dq}{dy} - \dfrac{2}{y-1}q = 2(y-1)$

これは，y と q について線形であるから，この一般解

$$q = (y-1)^2 \log C(y-1)^2$$

が得られ，したがって，

$$p^2 = (y-1)^2 \log C^2 (y-1)^2$$

この式と与式 $p = x(y-1)$ より p を消去して，

一般解：$y = Ce^{\frac{1}{2}x^2} + 1$

問 題

[1] 次の微分方程式を解け $\left(p = \dfrac{dy}{dx}\right)$ (a, b は定数)．

(1) $y = (x+p)p$　　(2) $y = xp + p$　　(3) $y = p(x + ap)$

(4) $y = xp - \dfrac{1}{p}$　　(5) $y = xp + \sqrt{p}$　　(6) $y = xp + p + p^2$

(7) $y = p(x + ap - bp)$　　(8) $y = px + \sin p$

(9) $(y-xp)\left(1+\dfrac{1}{p}\right)=1$ (10) $y=xp+\cos p$

(11) $y=xp+e^{2p}$ (12) $y=xp+ae^{bp}$

〔2〕次の微分方程式を解け $\left(p=\dfrac{dy}{dx}\right)$ (a, b は定数).

(1) $y=2xp+p+1$ (2) $y=x(p+1)+p$

(3) $y+2xp+p^2=0$ (4) $y=x(p+2)-p+1$

(5) $y=axp+bp$ $(a,b\neq 0,1)$ (6) $y=-xp+p^2$

(7) $y=xp^2-p^2$ (8) $y=\dfrac{1}{2}xp+p$

〔3〕次の微分方程式の特異解があれば,それを求めよ $\left(p=\dfrac{dy}{dx}\right)$.

(1) $y=xp+p^3$ (2) $y-3xp=p^2$ (3) $9yp^2-4=0$

(4) $y=(2y+1)^2p^2$ (5) $y^2(p^2+1)=1$ (6) $y^2-4xyp+p^2=0$

〔4〕次の曲線群の包絡線を求めよ(t は助変数).

(1) $y-tx-3t^2=0$ (2) $y-tx-\sin t=0$

(3) $y-(2y+1)^2t^2=0$ (4) $y-tx+\cos t=0$

(5) $y-tx+\log t=0$ (6) $y^2+t^2y^2-1=0$

〔5〕次の曲線の直交曲線群を求めよ(t は助変数).

(1) $y-tx^2=0$ (2) $y-tx=0$

(3) $x^2+y^2-t^2=0$ (4) $y^2-4(x-t)=0$

(5) $3x^2+2y^2-t=0$

第3章 特殊な形の2階微分方程式

2階微分方程式
$$F(x, y, y', y'') = 0$$
が特殊な形をしている場合には，階数を下げて1階の微分方程式に帰着させ，解くことができる．そのいくつかの解法を与える．

1　x，y，y' のいずれかを含まない微分方程式

[1]　**y を含まない微分方程式 $F(x, y', y'') = 0$**

$y' = p$ とおくと，$y'' = p'$．よって，与方程式は
$$F(x, p, p') = 0 \tag{3.1.1}$$
これは p に関して1階微分方程式でこの一般解
$$p = g(x, C_1)$$
が求まれば，これを積分して，与式の一般解
$$y = \int g(x, C_1)\,dx + C_2 \tag{3.1.2}$$
が得られる．

例1　$xy'' - 1 = 0$ を解け．

(解答)　$y'' = \dfrac{1}{x}$ と表される．したがって
$$y' = \int \frac{1}{x}\,dx + C_1 = \log x + C_1$$
$$\therefore\quad y = x\log x + C_1 x + C_2$$

例2 $y'' + (y')^2 + 1 = 0$ を解け．

（解答） $p = y'$ とおくと，与式は

$$\frac{dp}{dx} + p^2 + 1 = 0 \quad \Rightarrow \quad \frac{dp}{p^2+1} = -dx$$

$$\therefore \int \frac{dp}{p^2+1} = -x + C_1$$

この積分を求め

$$\tan^{-1} p = -x - C_1 \quad \therefore \quad \frac{dy}{dx} = p = -\tan(x + C_1)$$

これを積分し

$$y = -\int \frac{\sin(x+C_1)}{\cos(x+C_1)} dx + C_2 = \log \cos(x+C_1) + C_2$$

例3
ある長さの柔軟で均質なケーブル（密度 ρ）が同じ高さの2つの塔の先端A，Bで固定され，自分自身の重さで垂れ下がっている．このケーブルの作る曲線の式を求めよ．

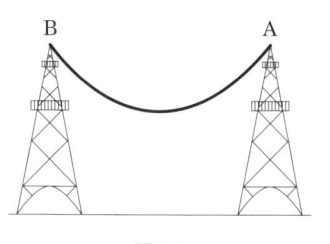

図 3.1

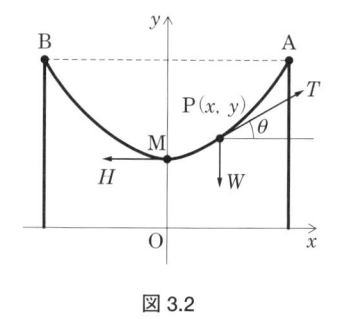

（解答） 直線ABはx軸に平行にとり，ケーブルの中点Mはy軸上にくるようにとる．このとき，曲線上の点P(x, y)には次の3つの力が作用し，つり合いがとれて，ケーブルは静止している．

(1) 接続方向に働く張力 T
(2) ケーブルBMの部分によるMにおける水平張力 H

図 3.2

(3) ケーブル MP の部分の重力 W

これらの力の x 方向, y 方向は等しい. したがって, 曲線を $y = f(x)$ とし, 張力 T の x 軸とのなす角を θ とすると

$T\cos\theta = H, \quad T\sin\theta = W$

$\therefore\ y' = \dfrac{dy}{dx} = \tan\theta = \dfrac{W}{H}$ ……①

ここで, 重さ W は M から P までの長さ l に密度 ρ を掛けたものであり, 長さ l は

$$l = \int_0^x \sqrt{1+(y')^2}\,dx$$

で与えられる. したがって

$W = \rho l = \rho \int_0^x \sqrt{1+(y')^2}\,dx$

$\therefore\ \dfrac{dy}{dx} = \dfrac{W}{H} = \dfrac{\rho}{H}\int_0^x \sqrt{1+(y')^2}\,dx$ ……②

ここで, H と ρ とは定数であるから $k = \dfrac{\rho}{H}$ とおき, ②を x で微分すると

$\dfrac{d^2y}{dx^2} = k\sqrt{1+(y')^2}$ ……③

題意より, 初期条件として, $x = 0$ のとき, $y' = f'(0) = 0$
また, $p = \dfrac{dy}{dx}$ とおくと, ③式は

$\dfrac{dp}{dx} = k\sqrt{1+p^2}$ ……④

これを解き,

$\displaystyle\int \dfrac{dp}{\sqrt{1+p^2}} = kx + C_1 \quad \therefore\ \log\!\left(p + \sqrt{1+p^2}\right) = kx + C_1$

ここで,「初期条件: $x = 0$ のとき, $p = 0$」より, $C_1 = 0$.

第3章 特殊な形の2階微分方程式

$$\therefore \quad p + \sqrt{1+p^2} = e^{kx}$$

また，

$$p + \sqrt{1+p^2} = \frac{1}{\sqrt{1+p^2}-p} = e^{kx}$$

$$\therefore \quad \sqrt{1+p^2} - p = e^{-kx}$$

ゆえに，

$$\frac{dy}{dx} = p = \frac{1}{2}\left(e^{kx} - e^{-kx}\right)$$

これを積分し，$\overline{\text{OM}} = h$ とすると

$$y = \frac{1}{2k}\left(e^{kx} + e^{-kx}\right) + \left(h - \frac{1}{k}\right) \qquad \cdots\cdots ⑤$$

例4 長さ150〔m〕の等質なケーブルが100〔m〕離れた同じ高さの2点で固定され，それ自身の重さで垂れ下がっている．ケーブルの中点のたるみを求めよ．

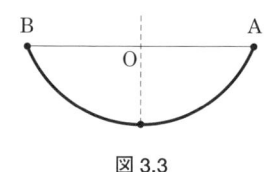

図3.3

(解答) ケーブルの固定点A，Bをx軸上にとり，中点を原点にとると，A(50, 0)，B(−50, 0)で，ケーブルの作る曲線の式は，例3の⑤式により

$$y = \frac{1}{2k}\left(e^{kx} + e^{-kx}\right) - \frac{1}{2k}\left(e^{50k} + e^{-50k}\right) \qquad \cdots\cdots (*)$$

ケーブルの長さは150〔m〕で，$y' = \frac{1}{2}\left(e^{kx} - e^{-kx}\right)$ だから

$$75 = \int_0^{50} \sqrt{1+(y')^2}\, dx = \frac{1}{2k}\left[e^{50k} - e^{-50k}\right] = \frac{1}{k}\sinh(50k)$$

したがって，k は $75k = \sinh(50k)$ の解で，(これをコンピュータで計算すると) $k = 0.0324426\cdots$ となり，(*)式により，$x=0$ における y の値は

$$y = \frac{1}{k}(1-\cosh(50k)) = -50.2633\cdots$$

よって，中点のたるみは $50.2633\,[\mathrm{m}]$．

[2] x を含まない微分方程式 $F(y,\ y',\ y'')=0$

y は x の関数であるが，逆に x は y の関数と考えられる．そのとき，$p = y'$ とおくと

$$y'' = \frac{dp}{dx} = \frac{dp}{dy}\cdot\frac{dy}{dx} = p\frac{dp}{dy} \tag{3.1.3}$$

したがって，与方程式は

$$F\left(y,\ p,\ p\frac{dp}{dy}\right) = 0 \tag{3.1.4}$$

となり，1階の微分方程式に帰着される．この一般解

$$p = g(y,\ C_1)$$

が求まれば，これより

$$\frac{dy}{dx} = p = g(y,\ C_1)$$

$$\therefore\ \int\frac{dy}{g(y,\ C_1)} = x + C_2 \tag{3.1.5}$$

この左辺の積分を求め，解が得られる．

例5 $\left(\dfrac{d^2y}{dx^2}\right)^2 - \left(\dfrac{dy}{dx}\right)^2 = 1$ を解け．

(解答) 与式より，$y'' = \sqrt{1+(y')^2}$．したがって，$p = y'$ とおくと

$$y'' = p\frac{dp}{dy} = \sqrt{1+p^2} \qquad \therefore\ \int\frac{p}{\sqrt{1+p^2}}dp = y + C_1$$

したがって

$$\sqrt{1+p^2} = y + C_1 \qquad \therefore\ p^2 = (y+C_1)^2 - 1$$

$$\frac{dy}{dx} = \sqrt{(y+C_1)^2 - 1} \qquad \therefore \quad \int \frac{dy}{\sqrt{(y+C_1)^2 - 1}} = x + C_2'$$

左辺の積分を求め

$$\log\left\{y + C_1 + \sqrt{(y+C_1)^2 - 1}\right\} = x + C_2'$$

$$\therefore \quad y + C_1 + \sqrt{(y+C_1)^2 - 1} = C_2 e^x \qquad \left(C_2 = e^{C_2'} \text{ とおく}\right)$$

[3] y と y'' とのみの微分方程式 $F(y, y'') = 0$

与方程式が

$$y'' = g(y) \tag{3.1.6}$$

と表されるとする．この両辺に $2y'$ をかけると

$$2y'y'' = 2g(y)y' \qquad \therefore \quad \frac{d}{dx}\left((y')^2\right) = 2g(y)y'$$

したがって

$$(y')^2 = 2\int g(y)dy + C_1 \qquad y' = \sqrt{2\int g(y)dy + C_1}$$

これより

$$\int \frac{dy}{\sqrt{2\int g(y)dy + C_1}} = x + C_2 \tag{3.1.7}$$

この左辺の積分を求め，与式の解が得られる．

例6 $y'' - y + 1 = 0$ を解け．

(解答) 与式より，$y'' = y - 1$．この両辺に $2y'$ を掛け

$$2y'y'' = 2yy' - 2y'$$

$$\therefore \quad \frac{d}{dx}\left((y')^2\right) = \frac{d}{dx}\left(y^2 - 2y\right)$$

$$\therefore \quad (y')^2 = y^2 - 2y + C_1 \qquad y' = \sqrt{y^2 - 2y + C_1}$$

$$\int \frac{dy}{\sqrt{y^2-2y+C_1}} = x+C_2$$

$$\therefore \quad \log\left(y-1+\sqrt{y^2-2y+C_1}\right) = x+C_2$$

$$\therefore \quad (y-1)+\sqrt{y^2-2y+C_1} = e^{x+C_2}$$

これを変形すると

$$\frac{1-C_1}{(y-1)-\sqrt{y^2-2y+C_1}} = Ae^x \quad \left(A=e^{C_2}\right)$$

$$\therefore \quad (y-1)-\sqrt{y^2-2y+C_1} = \frac{1-C_1}{A}e^{-x}$$

したがって，一般解は

$$y = B_1 e^x + B_2 e^{-x} + 1$$

$$\left(A, C_1 \text{ は任意だから}, B_1 = \frac{A}{2}, B_2 = \frac{1-C_1}{2A} \text{ とおく}\right)$$

問 題

[1] 次の微分方程式を解け．

(1) $y'' = \cos x$ (2) $e^x y'' = x$ (3) $y'' = x \log x$

(4) $y'' - y' = 0$ (5) $y'' - y' = x$ (6) $y'' + 2y' = 1$

(7) $y'' = ay' \quad (a \neq 0)$ (8) $y''y' = 1$ (9) $y''y' = x$

(10) $y'' - 3y' + 2 = 0$ (11) $xy'' + x(y')^2 + y' = 0$

[2] 次の微分方程式を解け．

(1) $y'' = yy'$ (2) $yy'' = 2(y')^2$ (3) $yy'' = (y')^2$

(4) $y'' = y'e^y$ (5) $yy'' + (y')^2 - yy' = 0$

(6) $yy'' = y'\sqrt{(y')^2+1}$

〔3〕 次の微分方程式を解け．

(1) $y'' + a^2 y = 0 \quad (a > 0)$ (2) $y'' - a^2 y = 0 \quad (a > 0)$

(3) $y'' + y = 0$ (4) $y'' - y = 0$ (5) $y'' - y + 2 = 0$

(6) $y'' - 5y + 6 = 0$

〔4〕 80〔m〕離れた2本の鉄塔（高さ100〔m〕）があり，この鉄塔の上端に長さ110〔m〕のケーブルが張られている．このケーブルの中点の高さhを求めよ．

2 同次形

2階微分方程式

$$F(x, y, y', y'') = 0 \tag{3.2.1}$$

において，Fが次の［Ⅰ］，［Ⅱ］，［Ⅲ］の場合を考える．

［Ⅰ］ $F(x, \lambda y, \lambda y', \lambda y'') = \lambda^m F(x, y, y', y'')$：**$y$に関して同次形**

［Ⅱ］ $F\left(\lambda x, y, \dfrac{y'}{\lambda}, \dfrac{y''}{\lambda^2}\right) = \lambda^m F(x, y, y', y'')$：**$x$に関して同次形**

［Ⅲ］ $F\left(\lambda x, \lambda y, y', \dfrac{y''}{\lambda}\right) = \lambda^m F(x, y, y', y'')$：**$x$と$y$とに関して同次形**

［Ⅰ］の場合，$y = e^u$とおくと

$$y' = e^u u', \quad y'' = e^u (u')^2 + e^u u'' = e^u\{(u')^2 + u''\}$$

$$\therefore \quad F(x, y, y', y'') = F(x, e^u, e^u u', e^u\{(u')^2 + u''\})$$

$$= (e^u)^m F(x, 1, u', (u')^2 + u'')$$

したがって，(3.2.1)式は

$$F(x, 1, u', (u')^2 + u'') = 0 \tag{3.2.2}$$

となる．これはuを含まない微分方程式で，前節[1]によって$p = u'$とおき，1階の微分方程式に直して解くことができる．

例1 $yy'' - (y')^2 - 6y^2 = 0$ を解け．

(解答) $y = e^u$ とおくと，与式は

$$e^u \cdot e^u \{(u')^2 + u''\} - (e^u u')^2 - 6(e^u)^2 = e^{2u}(u'' - 6) = 0$$

$$\therefore \quad u'' - 6 = 0$$

したがって

$$u = 3x^2 + C_1 x + C_2$$

よって，与式の解は

$$y = e^{3x^2 + C_1 x + C_2}$$

[Ⅱ]の場合，$x = e^t$ とおくと

$$\frac{dy}{dx} = \frac{dy}{dt}\frac{dt}{dx} = \frac{1}{x}\frac{dy}{dt} = e^{-t}\frac{dy}{dt}$$

$$\frac{d^2 y}{dx^2} = \frac{dt}{dx}\frac{d}{dt}\left(\frac{dy}{dx}\right) = e^{-t}\frac{d}{dt}\left(e^{-t}\frac{dy}{dt}\right) = e^{-t}\left\{-e^{-t}\frac{dy}{dt} + e^{-t}\frac{d^2 y}{dt^2}\right\}$$

$$= e^{-2t}\left(\frac{d^2 y}{dt^2} - \frac{dy}{dt}\right)$$

$$\therefore \quad F(x, y, y', y'') = F\left(e^t, y, e^{-t}\frac{dy}{dt}, e^{-2t}\left(\frac{d^2 y}{dt^2} - \frac{dy}{dt}\right)\right)$$

$$= (e^t)^m F(1, y, y', (y'' - y'))$$

したがって，(3.2.1)式は

$$F(1, y, y', y'' - y') = 0$$

となる．これは，独立変数 t を含まない微分方程式であるから，前節[2]によって $p = y'$ とおき，1階の微分方程式に直して解けばよい．

例2 $xyy'' + 3x(y')^2 + yy' = 0$ を解け．

(解答) $x = e^t$ とおくと，

$$\frac{dy}{dx} = e^{-t}\frac{dy}{dt}, \quad \frac{d^2y}{dx^2} = e^{-2t}\left(\frac{d^2y}{dt^2} - \frac{dy}{dt}\right)$$

これらを与式に代入し

$$e^t \cdot y e^{-2t}\left(\frac{d^2y}{dt^2} - \frac{dy}{dt}\right) + 3e^t\left(e^{-t}\frac{dy}{dt}\right)^2 + y\left(e^{-t}\frac{dy}{dt}\right)$$

$$= e^{-t}\left\{y\frac{d^2y}{dy^2} + 3\left(\frac{dy}{dt}\right)^2\right\} = 0$$

$$\therefore \quad y\frac{d^2y}{dt^2} + 3\left(\frac{dy}{dt}\right)^2 = 0 \qquad \cdots\cdots (*)$$

いま，$p = \dfrac{dy}{dt}$ とおくと，$\dfrac{d^2y}{dt^2} = p\dfrac{dp}{dy}$. よって(*)は次のようになる.

$$y \cdot p\frac{dp}{dy} + 3p^2 = p\left(y\frac{dp}{dy} + 3p\right) = 0$$

$$\therefore \quad p = 0, \quad \text{または，} \quad y\frac{dp}{dy} + 3p = 0$$

$p = 0$ より $\dfrac{dy}{dx} = e^{-t}p = 0$ $\quad \therefore \quad y = C$（定数）.

また，$y\dfrac{dp}{dy} + 3p = 0$ より $y^4 = C_1 t + C_2$.

したがって，解は $y^4 = C_1 \log x + C_2$（$y = C$（定数）はこの解に含まれる）.

[Ⅲ] の場合，$y = xu$ とおくと

$$y' = u + xu', \quad y'' = 2u' + xu''$$

$$\therefore \quad F(x, y, y', y'') = F(x, xu, u + xu', 2u' + xu'')$$

$$= x^m F(1, u, u + xu', x(2u' + xu''))$$

ここで，$F(1, u, u + xu', x(2u' + xu''))$ は x に関して同次形となる．なぜならば，x, u', u'' の部分にそれぞれ，$\lambda x, \dfrac{u'}{\lambda}, \dfrac{u''}{\lambda^2}$ を代入すると

$$F\left(1,\ u,\ u+(\lambda x)\cdot\frac{u'}{\lambda},\ (\lambda x)\left(2\left(\frac{u'}{\lambda}\right)+(\lambda x)\frac{u''}{\lambda^2}\right)\right)$$
$$= F(1,\ u,\ u+xu',\ x(2u'+xu''))$$

したがって，[Ⅱ]によって，$x=e^t$ とおき，解くことができる．

例3 $3x^3y''-(y-xy')^2=0$ を解け．

(解答) $y=xu$ とおくと，$y'=u+xu'$，$y''=2u'+xu''$

これらを与式に代入し

$$3x^3(2u'+xu'')-(x^2u')^2=x^3\{3xu''+6u'-x(u')^2\}=0$$

$$\therefore\quad u''+\frac{2}{x}u'-\frac{1}{3}(u')^2=0$$

ここで $x=e^t$ とおくと，

$$\frac{du}{dx}=\frac{du}{dx}\frac{dt}{dx}=e^{-t}\frac{du}{dt},\quad \frac{d^2u}{dx^2}=e^{-2t}\left(\frac{d^2u}{dt^2}-\frac{du}{dt}\right)$$

したがって，上の式は

$$e^{-2t}\left\{\left(\frac{d^2u}{dt^2}-\frac{du}{dt}\right)+2\frac{du}{dt}-\frac{1}{3}\left(\frac{du}{dt}\right)^2\right\}=0$$

ここで，$p=\dfrac{du}{dt}$ とおくと

$$\frac{dp}{dt}=\frac{1}{3}p(p-3)\quad\therefore\quad p=\frac{du}{dt}=\frac{3}{1-C_1e^t}$$

これより，

$$u=3\log\left|\frac{e^t}{1-C_1e^t}\right|+C_2$$

ここで，$e^t=x$ で置きかえ，$y=xu$ に代入して，解は

$$y=3x\log\left|\frac{x}{1-C_1x}\right|+C_2x$$

問 題

〔1〕 変数変換：$y = e^u$ を用いて，次の微分方程式を解け．

(1) $yy'' - (y')^2 - 2y^2 = 0$

(2) $xyy'' - x(y')^2 + yy' = 0$

(3) $yy'' - (y')^2 - 6xy^2 = 0$

(4) $xyy'' - x(y')^2 + y^2 = 0$

(5) $y'' - 3y^{-1}(y')^2 + 2y = 0$

(6) $yy'' - 2(y')^2 - yy' = 0$

〔2〕 変数変換：$x = e^t$ を用いて，次の微分方程式を解け．

(1) $x^2 y'' + xy' + y = 0$

(2) $x^2 y'' - xy' + y = 0$

(3) $xy^2 y'' + y^2 y' + y' = 0$

(4) $xyy'' + 2x(y')^2 + yy' = 0$

(5) $yy'' + (y')^2 - x^{-1} yy' = 0$

(6) $xyy'' - x(y')^2 + yy' = 0$

〔3〕 変数変換：$y = xu$ を用いて，次の微分方程式を解け．

(1) $x^2 y'' + xy' - y = 0$

(2) $x^2 y'' - xy' + y = 0$

(3) $x^3 y'' = (y - xy')^2$

(4) $x^2 (x+y) y'' = (y - xy')^2$

(5) $x^4 y'' = (y - xy')^3$

(6) $x^2 y'' - xy' = y$

(7) $x^2 y'' + xy' + x - y = 0$

③ 2階線形微分方程式

$$L(y) = y'' + a_1(x) y' + a_2(x) y$$

とおく．斉次方程式 $L(y) = 0$ の1つの解 v がわかったとき，非斉次方程式

$$L(y) = b(x) \tag{3.3.1}$$

の一般解を求める．ここで，

$$y = uv \tag{3.3.2}$$

とおくと

$$y' = u'v + uv', \quad y'' = u''v + 2u'v' + uv''$$

これらを，(3.3.1)に代入し，v が $L(y)=0$ の解であることに注意すると

$$u(v''+a_1v'+a_2v)+u''v+(a_1v+2v')u'=b$$
$$\therefore \quad vu''+(a_1v+2v')u'=b \tag{3.3.3}$$

ここで，$p=u'$ とおくと

$$vp'+(a_1v+2v')p=b \tag{3.3.3}'$$

これは p に関して1階であるから，これを解き

$$p=u'=g(x,\ C_1)$$

これを積分して，(3.3.3)の一般解

$$u=\int g(x,\ C_1)dx+C_2$$

が得られ，これを(3.3.2)に代入して，(3.3.1)の一般解が得られる．

例 $y''-\left(1+\dfrac{2}{x}\right)y'+\dfrac{x+2}{x^2}y=x^2e^x$ を解け．

(解答) 与式の左辺を $L(y)$ とおくと，$y=x$ は $L(y)=0$ の解であるから，$y=ux$ とおき，与式に代入し，整理すると

$$u''-u'=xe^x$$

$p=u'$ とおくと，

$$p'-p=xe^x$$

これを解くと，

$$p=u'=e^x\left(\dfrac{1}{2}x^2+C_1\right) \quad \therefore \quad u=\left(\dfrac{1}{2}x^2-x+C_1\right)e^x+C_2$$

したがって，与式の一般解は

$$y=xu=x\left\{\left(\dfrac{1}{2}x^2-x+C_1\right)e^x+C_2\right\}$$

問題

次の微分方程式の左辺を $L(y)$ とおくとき，括弧内の関数は $L(y)=0$ の解であることを示し，これらを解け．

(1) $y'' - 5y' + 4y = 4x - 1$ $\quad [e^x]$

(2) $x^2 y'' - xy' + y = x^2$ $\quad [x]$

(3) $y'' - \dfrac{3}{x} y' + \dfrac{3}{x^2} y = 2x - 3$ $\quad [x]$

(4) $xy'' - 3y' + \dfrac{4}{x} y = x^2$ $\quad [x^2]$

(5) $x^3 y'' + 3x^2 y' - 3xy = 1$ $\quad [x]$

(6) $(x-1)^2 y'' - 2(x-1)y' + 2y = 3(x^2 - 2x)$ $\quad [x-1]$

(7) $(x^2 + 1) y'' - 2xy' + 2y = 0$ $\quad [x]$

(8) $y'' - 2y' + 3y = 3x + 1$ $\quad [e^x \sin\sqrt{2}x]$

第4章　線形微分方程式

1　線形微分方程式およびその解

　ある区間において（以後，特に必要でない限り，この用語は使わない）n個の関数$u_1(x),\cdots,u_n(x)$および実数$C_1,\cdots,C_n$に対して，和
$$C_1u_1(x)+\cdots+C_nu_n(x)$$
を$u_1,\cdots,u_n$の**1次結合**（あるいは**線形結合**）という．$u_1,\cdots,u_n$が
$$C_1u_1(x)+\cdots+C_nu_n(x)\equiv 0\quad\text{ならば}\quad C_1=C_2=\cdots=C_n=0$$
（「"$\equiv$"は恒等的に等しい」ことである）となるとき，$u_1,\cdots,u_n$は**1次独立**（あるいは**線形独立**）であるといい，1次独立でないとき，**1次従属**（**線形従属**）であるという．$u_1,\cdots,u_n$が1次従属ならば，この中の1つ，たとえばu_nは他の$u_1,\cdots,u_{n-1}$の1次結合で表すことができる．

　$u_1,\cdots,u_n$が（$(n-1)$回）微分可能なとき，行列式

$$W(x)=W(u_1,\cdots,u_n)=\begin{vmatrix} u_1 & u_2 & \cdots & u_n \\ u_1' & u_2' & \cdots & u_n' \\ \multicolumn{4}{c}{\dotfill} \\ u_1^{(n-1)} & u_2^{(n-1)} & \cdots & u_n^{(n-1)} \end{vmatrix} \tag{4.1.1}$$

を$u_1,\cdots,u_n$の**ロンスキアン**（Wronskian）という．このロンスキアンについて次のことが成り立つ：

定理1

　ロンスキアン$W(u_1,\cdots,u_n)$が恒等的に0でなければ，関数$u_1,\cdots,u_n$は1次独立である（したがって，少なくとも1点で0でなければ，$u_1,\cdots,u_n$は1次独立である）．

(証明) 関数 $u_1(x), \cdots, u_n(x)$ の1次結合を
$$C_1 u_1(x) + \cdots + C_n u_n(x) \equiv 0$$
とし，この両辺を $(n-1)$ 回まで微分すると
$$C_1 u_1'(x) + \cdots + C_n u_n'(x) \equiv 0$$
$$\cdots\cdots$$
$$C_1 u_1^{(n-1)}(x) + \cdots + C_n u_n^{(n-1)}(x) \equiv 0$$

これらを $C_1, \cdots, C_n$ に関する連立方程式とみると

$$\begin{pmatrix} u_1(x) & u_2(x) & \cdots & u_n(x) \\ u_1'(x) & u_2'(x) & \cdots & u_n'(x) \\ \multicolumn{4}{c}{\cdots\cdots\cdots\cdots\cdots\cdots\cdots\cdots} \\ u_1^{(n-1)}(x) & u_2^{(n-1)}(x) & \cdots & u_n^{(n-1)}(x) \end{pmatrix} \begin{pmatrix} C_1 \\ C_2 \\ \vdots \\ C_n \end{pmatrix} = \begin{pmatrix} 0 \\ 0 \\ \vdots \\ 0 \end{pmatrix}$$

で，ロンスキアン $W(x) = W(u_1, \cdots, u_n)$ はこの連立方程式の係数の作る行列の行列式で，$W(x_0) \neq 0$ となる x_0 をとると，$C_1 = C_2 = \cdots = C_n = 0$ が導かれる．したがって，$W(x) \not\equiv 0$ ならば，$u_1(x), \cdots, u_n(x)$ は1次独立である．

（注）定理1の逆は成り立たない．

例 1 関数 $e^{\alpha x}, e^{\beta x}, e^{\gamma x}$ のロンスキアンを計算せよ．

（解答） $\left(e^{\alpha x}\right)' = \alpha e^{\alpha x}, \left(e^{\alpha x}\right)'' = \alpha^2 e^{\alpha x}, e^{\beta x}, e^{\gamma x}$ についても同様である．
したがって

$$W(e^{\alpha x}, e^{\beta x}, e^{\gamma x}) = \begin{vmatrix} e^{\alpha x} & e^{\beta x} & e^{\gamma x} \\ \alpha e^{\alpha x} & \beta e^{\beta x} & \gamma e^{\gamma x} \\ \alpha^2 e^{\alpha x} & \beta^2 e^{\beta x} & \gamma^2 e^{\gamma x} \end{vmatrix} = e^{(\alpha+\beta+\gamma)x} \begin{vmatrix} 1 & 1 & 1 \\ \alpha & \beta & \gamma \\ \alpha^2 & \beta^2 & \gamma^2 \end{vmatrix}$$

$$= e^{(\alpha+\beta+\gamma)x}(\alpha-\beta)(\beta-\gamma)(\gamma-\alpha)$$

例2 関数 $1, x, \cdots, x^n$ は1次独立であることを示せ．

(解答) これらの関数のロンスキアンを作ると

$$W(x) = \begin{vmatrix} 1 & x & x^2 & \cdots & x^n \\ 0 & 1 & 2x & \cdots & nx^{n-1} \\ 0 & 0 & 2 & \cdots & n(n-1)x^{n-2} \\ & & \cdots\cdots\cdots\cdots\cdots & & \\ 0 & 0 & 0 & \cdots & n! \end{vmatrix} = 1 \cdot 2! \cdot 3! \cdots n! \neq 0$$

したがって，定理1によって，$1, x, \cdots, x_n$ は1次独立である．

n 階線形微分方程式

$$y^{(n)} + a_1(x)y^{(n-1)} + a_2(x)y^{(n-2)} + \cdots + a_n(x)y = b(x) \tag{4.1.2}$$

および，斉次方程式

$$y^{(n)} + a_1(x)y^{(n-1)} + a_2(x)y^{(n-2)} + \cdots + a_n(x)y = 0 \tag{4.1.3}$$

を考える．これらの微分方程式の解について，次のことが成り立つ．

(a) $u_1(x), u_2(x)$ を(4.1.3)の解とし，α, β を定数とすると，$\alpha u_1(x) + \beta u_2(x)$ も(4.1.3)の解である．

(b) $u(x)$ を(4.1.3)の解とし，$\varphi(x)$ を(4.1.2)の解とすると，$u(x) + \varphi(x)$ は(4.1.2)の解である．

(c) (4.1.3)の1次独立な解 $u_1(x), \cdots, u_n(x)$ がわかり，(4.1.2)の特殊解 $\varphi(x)$ がわかれば(a), (b)により，(4.1.2)の一般解は

$$C_1 u_1(x) + \cdots + C_n u_n(x) + \varphi(x) \quad (C_1, \cdots, C_n \text{ は任意定数})$$

で与えられる．(4.1.3)の一般解 $C_1 u_1(x) + \cdots + C_n u_n(x)$ を非斉次方程式(4.1.2)の**余関数**または**補関数**という．

また，$u_1(x), \cdots, u_n(x)$ を(4.1.3)の解とし，このロンスキアンを作るとき，次の定理が成り立つ．

定理2

(4.1.3)の解 $u_1(x), \cdots, u_n(x)$ のロンスキアンを $W(x) = W(u_1, \cdots, u_n)$ とするとき,ある1点 x_0 で $W(x_0) = 0$ ならば,$u_1(x), \cdots, u_n(x)$ は1次従属である(この対偶をとると,$u_1, \cdots, u_n$ が1次独立ならば,$W(x)$ はすべての点で0にならない).

(証明) 仮定 $W(x_0) = 0$ より,連立方程式

$$\begin{pmatrix} u_1(x_0) & u_2(x_0) & \cdots & u_n(x_0) \\ u_1'(x_0) & u_2'(x_0) & \cdots & u_n'(x_0) \\ \multicolumn{4}{c}{\cdots\cdots\cdots\cdots\cdots\cdots\cdots\cdots\cdots} \\ u_1^{(n-1)}(x_0) & u_2^{(n-1)}(x_0) & \cdots & u_n^{(n-1)}(x_0) \end{pmatrix} \begin{pmatrix} C_1 \\ C_2 \\ \vdots \\ C_n \end{pmatrix} = \begin{pmatrix} 0 \\ 0 \\ \vdots \\ 0 \end{pmatrix} \quad (4.1.4)$$

は非自明な解 $C_1, C_2, \cdots, C_n$ (0でないものがある) がある ($W(x_0)$ は連立方程式の係数の作る行列の行列式であるから).この $C_1, \cdots, C_n$ によって

$$u(x) = C_1 u_1(x) + \cdots + C_n u_n(x)$$

とおくと,性質(b)により,$u(x)$ は微分方程式(4.1.3)の解である.また,(4.1.4)により,「初期条件:$u(x_0) = u'(x_0) = \cdots = u^{(n-1)}(x_0) = 0$」を満たす.また,関数 $y \equiv 0$ もこの初期条件を満たす解である.そこで,解の一意性(第1章,定理1)により,解 u は $u(x) \equiv 0$ でなければならない.したがって,全部は0でない $C_1, C_2, \cdots, C_n$ に対して,$C_1 u_1(x) + \cdots + C_n u_n(x) \equiv 0$ となる.

すなわち,$u_1(x), \cdots, u_n(x)$ は1次従属である.

例3

線形微分方程式

$$y''' + a_1(x) y'' + a_2(x) y' + a_3(x) y = b(x)$$

の余関数 $y = A_1 u_1(x) + A_2 u_2(x) + A_3 u_3(x)$ がわかった場合,与式の一般解を求めよ.

(解答) 余関数

$$y = A_1 u_1(x) + A_2 u_2(x) + A_3 u_3(x)$$

において,A_1, A_2, A_3 は定数であるが,これを x の関数とみて,これを微分すると

$$y' = (A_1 u_1' + A_2 u_2' + A_3 u_3') + (A_1' u_1 + A_2' u_2 + A_3' u_3)$$

ここで，右辺の第2項が0となる条件

$$A_1' u_1 + A_2' u_2 + A_3' u_3 = 0 \qquad \cdots\cdots ①$$

をつける．したがって，$y' = (A_1 u_1' + A_2 u_2' + A_3 u_3')$．これをさらに微分すると

$$y'' = (A_1 u_1'' + A_2 u_2'' + A_3 u_3'') + (A_1' u_1' + A_2' u_2' + A_3' u_3')$$

さらにこの右辺の第2項が0となる条件

$$A_1' u_1' + A_2' u_2' + A_3' u_3' = 0 \qquad \cdots\cdots ②$$

をつけると，$y'' = A_1 u_1'' + A_2 u_2'' + A_3 u''$．これをさらに微分すると

$$y''' = (A_1 u_1''' + A_2 u_2''' + A_3 u''') + (A_1' u_1'' + A_2' u_2'' + A_3' u_3'')$$

これら y, y', y'', y''' を与式に代入すると

$$y''' + a_1 y'' + a_2 y' + a_3 y = A_1' u_1'' + A_2' u_2'' + A_3' u_3''$$
$$+ A_1 (u_1''' + a_1 u_1'' + a_2 u_1' + a_3 u_1) + A_2 (u_2''' + a_1 u_2'' + a_2 u_2' + a_3 u_2)$$
$$+ A_3 (u_3''' + a_1 u_3'' + a_2 u_3' + a_3 u_3) = b(x)$$

$$\therefore \quad A_1' u_1'' + A_2' u_2'' + A_3' u_3'' = b(x) \qquad \cdots\cdots ③$$

①，②，③をまとめると

$$\begin{pmatrix} u_1 & u_2 & u_3 \\ u_1' & u_2' & u_3' \\ u_1'' & u_2'' & u_3'' \end{pmatrix} \begin{pmatrix} A_1' \\ A_2' \\ A_3' \end{pmatrix} = \begin{pmatrix} 0 \\ 0 \\ b(x) \end{pmatrix} \qquad \cdots\cdots ④$$

ここで，定理2により，u_1, u_2, u_3 のロンスキアン

$$W(x) = \begin{vmatrix} u_1 & u_2 & u_3 \\ u_1' & u_2' & u_3' \\ u_1'' & u_2'' & u_3'' \end{vmatrix}$$

は0にならない．いま，

$$W_1(x) = \begin{vmatrix} 0 & u_2 & u_3 \\ 0 & u_2' & u_3' \\ b & u_2'' & u_3'' \end{vmatrix}, \quad W_2(x) = \begin{vmatrix} u_1 & 0 & u_3 \\ u_1' & 0 & u_3' \\ u_1'' & b & u_3'' \end{vmatrix}, \quad W_3(x) = \begin{vmatrix} u_1 & u_2 & 0 \\ u_1' & u_2' & 0 \\ u_1'' & u_2'' & b \end{vmatrix}$$

とおくと，クラメルの公式より

$$A'_j(x) = \frac{W_j(x)}{W(x)}, \quad A_j = \int \frac{W_j(x)}{W(x)} dx \qquad (j = 1, 2, 3) \qquad \cdots\cdots ⑤$$

したがって，与式の一般解

$$C_1 u_1 + C_2 u_2 + C_3 u_3 + A_1 u_1 + A_2 u_2 + A_3 u_3$$

が得られる．この方法を**定数変化法**という．

問題

〔1〕 $f_1(x), f_2(x), \cdots, f_n(x)$ が1次独立のとき，$e^x f_1(x), e^x f_2(x), \cdots, e^x f_n(x)$ は1次独立であることを示せ．

〔2〕 次の関数列は1次独立であることを示せ．

(1) $e^{\alpha_1 x}, e^{\alpha_2 x}, \cdots, e^{\alpha_n x}$ （$\alpha_1, \alpha_2, \cdots, \alpha_n$ はすべて異なる数）

(2) $1, \sin x, \sin 2x, \cdots, \sin nx$ (3) $\cos x, \cos 2x, \cdots, \cos nx$

(4) $x^2, x^4, \cdots, x^{2n}$ (5) $x, x^3, \cdots, x^{2n+1}$

(6) $x, \sin x, \cos x, e^x$ (7) $\sin x, \sin^2 x, \sin^3 x$

〔3〕 〔2〕の関数列のロンスキアンを求めよ（ただし，(1), (2), (3)では $n=3$ とする）．

〔4〕 線形微分方程式：$y'' + a_1(x)y' + a_2(x)y = b(x)$ の余関数 $y = A_1 u_1 + A_2 u_2$ (A_1, A_2 は定数) がわかった場合に，定数変化法によって，与式の一般解を求めよ．

〔5〕 括弧内の関数は与式の余関数であることを示し，一般解を求めよ．

(1) $y'' - 2y' - 3y = x$ $\qquad [C_1 e^{3x} + C_2 e^{-x}]$

(2) $y'' + 5y = e^x$ $\qquad [C_1 \cos\sqrt{5}x + C_2 \sin\sqrt{5}x]$

(3) $y'' + y' - 6y = e^x$ $\qquad [C_1 e^{-3x} + C_2 e^{2x}]$

(4) $x^2 y'' - 2xy' + 2y = x^2$ $\qquad [C_1 x + C_2 x^2]$

(5) $y''' - 7y' + 6y = x$ $\qquad [C_1 e^x + C_2 e^{2x} + C_3 e^{-3x}]$

(6) $y''' + 2y'' - y' - 2y = 2$ $\qquad [C_1 e^x + C_2 e^{-x} + C_3 e^{-2x}]$

(7) $y'' + 2y' + 5y = \sin x$ $\qquad [C_1 e^x \cos 2x + C_2 e^x \sin 2x]$

(8) $y'' - 2y' + y = x^2 + 1$ $\left[C_1 e^x + C_2 x e^x \right]$

(9) $y'' - 4y' + 4y = x + 2$ $\left[C_1 e^{2x} + C_2 x e^{2x} \right]$

(10) $y''' - y = 2x + 3$ $\left[C_1 e^x + C_2 e^{-\frac{1}{2}x} \cos \frac{\sqrt{3}}{2} x + C_3 e^{-\frac{1}{2}x} \sin \frac{\sqrt{3}}{2} x \right]$

2 微分演算子

関数 f に関数 Tf を対応させる規則 T を **演算子** という．たとえば，$T = \dfrac{d}{dx}$ $\left(Tf = \dfrac{df}{dx} \right)$ は 1 つの演算子である．

2 つの演算子 T_1, T_2 に対して，和，差，実数倍，積を次のように定義する：

和：$(T_1 + T_2)f = T_1 f + T_2 f$ 差：$(T_1 - T_2)f = T_1 f - T_2 f$

α 倍：$(\alpha T)f = \alpha(Tf)$ 積：$(T_1 T_2)f = T_1(T_2 f)$

（f は関数，α は実数）

関数 f に同じ関数 f を対応させる演算子を I または 1 と書き，実数 α に対して，α I を単に α とも書く．また，演算子 T および関数 f に対して，$Tf = g$ となるとき，g に f を対応させる演算子を T の **逆演算子** といい，T^{-1} と表す．

独立変数 x の関数 f の導関数 df/dx を導く演算子 d/dx を D と表し，**微分演算子** という．2 次の導関数を導く演算子 $D \cdot D = d^2/dx^2$ を D^2，k 次の導関数を導く演算子 $D \cdots D = d^k/dx^k$ を D^k で表す．また，多項式

$$P(t) = a_0 t^n + a_1 t^{n-1} + \cdots + a_n \tag{4.2.1}$$

に対して

$$P(D) = a_0 D^n + a_1 D^{n-1} + \cdots + a_n \tag{4.2.2}$$

と表す．これらの演算子も微分演算子という．微分演算子 $P(D)$ に対して，多項式で成り立つ多くの事柄が成り立つ．たとえば

$$(D + a)(D + b) = D^2 + (a + b)D + ab$$
$$= (D + b)(D + a)$$

演算子 T に対して，任意の関数 f_1, f_2，および任意の実数 α をとると

$$T(f_1 + f_2) = Tf_1 + Tf_2, \quad T(\alpha f) = \alpha Tf$$

が成り立つとき，T は線形であるという．演算子 D, $P(D)$ などは線形である．

演算子 D に対して，$D^{-n}=D^{-1}\cdot D^{-1}\cdots D^{-1}$（$n$ 個の積）とおくと，

$$D^{-1}g = \int g\,dx \tag{4.2.3}$$

$$D^{-n}g = \int\cdots\int g\,dx\cdots dx \quad (n\text{ 回の積分}) \tag{4.2.4}$$

$P(D)$ に対して，次の式が成り立つ．

$$P(D)e^{\lambda x} = P(\lambda)e^{\lambda x} \tag{4.2.5}$$

$$P(D)[e^{\lambda x}f(x)] = e^{\lambda x}P(D+\lambda)f(x) \tag{4.2.6}$$

（ここで，$P(D+\lambda)$ は $P(t)$ の t の代わりに $D+\lambda$ を代入したもの）

((4.2.5) 式の証明)

$$De^{\lambda x}=\lambda e^{\lambda x},\quad D^2e^{\lambda x}=\lambda^2 e^{\lambda x},\quad\cdots,\quad D^k e^{\lambda x}=\lambda^k e^{\lambda x}$$

$$\therefore\quad P(D)e^{\lambda x} = a_0 D^n e^{\lambda x} + a_1 D^{n-1}e^{\lambda x} + \cdots + a_n e^{\lambda x}$$

$$= (a_0\lambda^n + a_1\lambda^{n-1} + \cdots + a_n)e^{\lambda x} = P(\lambda)e^{\lambda x}$$

((4.2.6) 式の証明)

$$D(e^{\lambda x}f(x)) = \lambda e^{\lambda x}f(x) + e^{\lambda x}Df(x) = e^{\lambda x}(D+\lambda)f(x)$$

$$D^2(e^{\lambda x}f(x)) = D\{e^{\lambda x}(D+\lambda)f(x)\} = \lambda e^{\lambda x}(D+\lambda)f(x) + e^{\lambda x}D(D+\lambda)f(x)$$

$$= e^{\lambda x}\{\lambda(D+\lambda) + D(D+\lambda)\}f(x) = e^{\lambda x}(D+\lambda)^2 f(x)$$

同様にして

$$D^k(e^{\lambda x}f(x)) = e^{\lambda x}(D+\lambda)^k f(x)$$

これより，(4.2.5) 式の証明と同様にして，(4.2.6) 式が得られる．

いま，$(P(D))^{-1}$ を $\dfrac{1}{P(D)}$ とも表すと，(4.2.5) および (4.2.6) 式より，次の式が得られる

$$\frac{1}{P(D)}e^{\lambda x} = \frac{1}{P(\lambda)}e^{\lambda x} \quad (\text{ただし，}P(\lambda)\neq 0) \tag{4.2.7}$$

$$\frac{1}{P(D)}[e^{\lambda x}f(x)] = e^{\lambda x}\frac{1}{P(D+\lambda)}f(x) \tag{4.2.8}$$

特に，$P(D)=D^n$ のとき

$$\frac{1}{(D+\lambda)^n}f(x) = e^{-\lambda x}D^{-n}e^{\lambda x}f(x) = e^{-\lambda x}\underbrace{\int\cdots\int e^{\lambda x}f(x)dx\cdots dx}_{(n\text{回の積分})} \qquad (4.2.9)$$

多項式 $P(t)$ が因数 $(t-\lambda)^k$ をもてば，$\dfrac{1}{P(t)}$ は項

$$\frac{A_1}{(t-\lambda)}, \cdots, \frac{A_k}{(t-\lambda)^k}$$

の和で表される (部分分数に分解). このとき，演算子 $\dfrac{1}{P(D)}$ は上記の分数式の t に D を代入して得られる演算子の和で表される. たとえば，

$$\frac{1}{(t-1)(t-2)^2} = \frac{1}{t-1} - \frac{1}{t-2} + \frac{1}{(t-2)^2}$$

$$\frac{1}{(D-1)(D-2)^2} = \frac{1}{D-1} - \frac{1}{D-2} + \frac{1}{(D-2)^2}$$

$P(t) = t^n + a_1 t^{n-1} + \cdots + a_n$ とするとき，定数係数の斉次線形微分方程式

$$y^{(n)} + a_1 y^{(n-1)} + \cdots + a_n y = 0 \qquad \cdots\cdots ①$$

は

$$P(D)y = 0 \qquad \cdots\cdots ①'$$

と表され，非斉次微分方程式

$$y^{(n)} + a_1 y^{(n-1)} + \cdots + a_n y = b(x) \qquad \cdots\cdots ②$$

は

$$P(D)y = b(x) \qquad \cdots\cdots ②'$$

と表されるが

$$y = \frac{1}{P(D)}b(x)$$

は②の1つの解 (特殊解) である.

例1 次の計算をせよ.

$$\frac{1}{D^3 + D^2 - 5D + 3}[e^{2x} + 1]$$

(**解答**) $t^3+t^2-5t+3=(t-1)^2(t+3)$ であるから, (4.2.9) を使って

$$\frac{1}{D^3+D^2-5D+3}(e^{2x}+1)$$

$$=\left[\frac{1}{16}\frac{1}{D+3}-\frac{1}{16}\frac{1}{D-1}+\frac{1}{4}\frac{1}{(D-1)^2}\right](e^{2x}+1)$$

$$=\frac{1}{16}\frac{1}{(D+3)}(e^{2x}+1)-\frac{1}{16}\frac{1}{(D-1)}(e^{2x}+1)+\frac{1}{4}\frac{1}{(D-1)^2}(e^{2x}+1)$$

$$=\frac{1}{16}e^{-3x}\int e^{3x}(e^{2x}+1)dx-\frac{1}{16}e^{x}\int e^{-x}(e^{2x}+1)dx$$

$$+\frac{1}{4}e^{x}\int\left\{\int e^{-x}(e^{2x}+1)dx\right\}dx$$

$$=\frac{1}{16}\left(\frac{1}{5}e^{2x}+\frac{1}{3}\right)-\frac{1}{16}(e^{2x}-1)+\frac{1}{4}(e^{2x}+1)=\frac{1}{5}e^{2x}+\frac{1}{3}$$

次に,三角関数に対して,

$$\begin{cases} D^2\sin(ax+b)=-a^2\sin(ax+b) \\ D^2\cos(ax+b)=-a^2\cos(ax+b) \end{cases}$$

が成り立つから,多項式 $P(t)$ に対して,次の式が成り立つ：

$$P(D^2)\sin(ax+b)=P(-a^2)\sin(ax+b) \qquad (4.2.10)$$

$$P(D^2)\cos(ax+b)=P(-a^2)\cos(ax+b) \qquad (4.2.11)$$

もし,$P(-a)^2 \neq 0$ ならば

$$\frac{1}{P(D^2)}\sin(ax+b)=\frac{1}{P(-a^2)}\sin(ax+b) \qquad (4.2.12)$$

$$\frac{1}{P(D^2)}\cos(ax+b)=\frac{1}{P(-a^2)}\cos(ax+b) \qquad (4.2.13)$$

また,$a \neq 0$ に対して,

$$D[x\sin ax]=\sin ax+ax\cos ax, \quad D^2[x\sin ax]=2a\cos ax-a^2x\sin ax$$

$$D[x\cos ax]=\cos ax-ax\sin ax, \quad D^2[x\cos ax]=-2a\sin ax-a^2x\cos ax$$

が成り立つ.したがって,次の式が成り立つ：

$$(D^2 + a^2)[x \sin ax] = 2a \cos ax \qquad (4.2.14)$$

$$(D^2 + a^2)[x \cos ax] = -2a \sin ax \qquad (4.2.15)$$

$$\frac{1}{D^2 + a^2} \sin ax = -\frac{1}{2a} x \cos ax \qquad (4.2.16)$$

$$\frac{1}{D^2 + a^2} \cos ax = \frac{1}{2a} x \sin ax \qquad (4.2.17)$$

例2 次の計算をせよ(ただし,$a \neq b$).

(1) $(D^2 + a^2) \sin(bx + c)$ (2) $(D^2 + a^2) \cos(bx + c)$

(3) $\dfrac{1}{D^2 + a^2} \sin(bx + c)$ (4) $\dfrac{1}{D^2 + a^2} \cos(bx + c)$

(解答) $D \sin(bx + c) = b \cos(bx + c),\ D^2 \sin(bx + c) = -b^2 \sin(bx + c)$

$D \cos(bx + c) = -b \sin(bx + c),\ D^2 \cos(bx + c) = -b^2 \cos(bx + c)$

$\therefore \begin{cases} (D^2 + a^2) \sin(bx + c) = (a^2 - b^2) \sin(bx + c) \\ (D^2 + a^2) \cos(bx + c) = (a^2 - b^2) \cos(bx + c) \end{cases}$

$\begin{cases} \dfrac{1}{D^2 + a^2} \sin(bx + c) = \dfrac{1}{a^2 - b^2} \sin(bx + c) \\ \dfrac{1}{D^2 + a^2} \cos(bx + c) = \dfrac{1}{a^2 - b^2} \cos(bx + c) \end{cases}$

問 題

〔1〕 次の計算をせよ.

(1) $(D - 1)[x + 1]$ (2) $(D + 2) \sin 3x$

(3) $(D + 2) \cos 3x$ (4) $(D + 3)[x^2 + 3x + 2]$

(5) $(D - 4)[e^{3x} + 5e^x]$ (6) $(D - 1)(D + 2) x^4$

(7) $(D - 5)[x \sin 2x]$ (8) $(D - 2)[x \cos 3x]$

(9) $(D + 6)[x^2 e^x]$ (10) $(D^2 + 2D + 2)[e^x \sin 2x]$

(11) $(D^3 + 4D^2 + D)[e^x \cos 3x]$ (12) $D(D + 1)(D - 2)[x^2 + x]$

(13) $(D^3 - 2D^2 - 3)[\sin(2x+1)]$

〔2〕 次の計算をせよ(a, b は定数).

(1) $\dfrac{1}{D-1}a$

(2) $\dfrac{1}{D-2}[x+2]$

(3) $\dfrac{1}{D+3}[x^2+2x]$

(4) $\dfrac{1}{(D+1)(D-2)}[x+1]$

(5) $\dfrac{1}{D^2+2D-3}[x^3-x]$

(6) $\dfrac{1}{D^2+1}e^{mx}$ ($m \neq 0$)

(7) $\dfrac{1}{D^2-4}[xe^x]$

(8) $\dfrac{1}{D+2}[e^{2x}]$

(9) $\dfrac{1}{D^2+4}\sin(3x+2)$

(10) $\dfrac{1}{(D+1)^2}[x+1]$

(11) $\dfrac{1}{(D-2)^3}x^2$

(12) $\dfrac{1}{(D-1)^3}e^x$

(13) $\dfrac{1}{D^2+2D+2}[e^x \sin x]$

(14) $\dfrac{1}{D^2+2D+2}[e^x \cos x]$

(15) $\dfrac{1}{D+1}\sin 2x$

(16) $\dfrac{1}{D+a}\cos bx$

(17) $\dfrac{1}{D^2+a^2}[\sin^2 x]$

(18) $\dfrac{1}{D^2+9}[\cos^2 x]$

〔3〕 任意の関数 $f(x)$ に対して, 次の式が成り立つことを示せ.

(1) $D^n[xf(x)] = xD^n f(x) + nD^{n-1}f(x)$

(2) $P(D)[xf(x)] = xP(D)f(x) + P'(D)f(x)$

(3) $\dfrac{1}{P(D)}[xf(x)] = x\dfrac{1}{P(D)}f(x) - \dfrac{P'(D)}{(P(D))^2}f(x)$

($P(D)$ は (4.2.2) の微分演算子, $P'(t)$ は $P(t)$ の導関数)

(4) $\dfrac{1}{D^2+a^2}f(x) = \dfrac{1}{a}\left\{\sin ax \displaystyle\int f(x)\cos ax\, dx - \cos ax \displaystyle\int f(x)\sin ax\, dx\right\}$

(ただし, $a \neq 0$)

3 定数係数線形斉次微分方程式

定数係数微分方程式
$$y^{(n)} + a_1 y^{(n-1)} + \cdots + a_n y = 0 \tag{4.3.1}$$
は, $P(t) = t^n + a_1 t^{n-1} + \cdots + a_n$ とすると,

$$P(D)y=0 \qquad (4.3.1)'$$

と表される．ここで，方程式 $P(t)=0$ を**特性方程式**または**補助方程式**という．

微分方程式(4.3.1)の解法を考える．特性方程式について，次の場合がある：

[Ⅰ] $P(t)=(t-\lambda)^m Q_1(t) \cdots\cdots (t-\lambda)^m$ なる因数をもつ場合．

[Ⅱ] $P(t)=(t^2+\mu t+\nu)^l Q_2(t) \cdots\cdots (t^2+\mu t+\nu)^l$ なる因数をもつ場合．
　　　（ただし，$\mu^2-4\nu<0$）

[Ⅰ] $P(t)=(t-\lambda)^m Q_1(t) \cdots\cdots (t-\lambda)^m$ なる因数をもつ場合．

$P(D)y=Q_1(D)(D-\lambda)^m y = Q_1(D)[(D-\lambda)^m y]=0$ であるから，$(D-\lambda)^m y=0$ を満たす y は $P(D)y=0$ を満たす．したがって，

$$(D-\lambda)^m y=0$$

の解を求める．公式(4.2.6)によって，

$$(D-\lambda)^m y=e^{\lambda x} D^m [e^{-\lambda x} y]=0$$

$$\therefore \quad D^m [e^{-\lambda x} y]=0$$

これは「m 回の微分が 0 である」ということであるから，

$$e^{-\lambda x} y = C_1 + C_2 x + \cdots + C_m x^{m-1} \qquad (C_1, \cdots, C_m \text{ は任意定数})$$

$$\therefore \quad y=(C_1+C_2 x+\cdots+C_m x^{m-1})e^{\lambda x}$$

($e^{\lambda x}, xe^{\lambda x}, \cdots, x^{m-1}e^{\lambda x}$ は 1 次独立であるから，y は $(D-\lambda)^m y=0$ の一般解である)．

[Ⅱ] $P(t)=(t^2+\mu t+\nu)^l Q_0(t) \quad (\mu^2-4\nu<0) \cdots\cdots (t^2+\mu t+\nu)^l$ なる因数をもつ場合．

[Ⅰ]の場合と同様に，$(D^2+\mu D+\nu)^l y=0$ の解を求める．ここで，$\mu^2-4\nu<0$ であるから，2 次方程式 $t^2+\mu t+\nu=0$ は実根をもたず複素数の根となる．この根を $\alpha\pm i\beta$ とおくと，与式は，

$$\{D-(\alpha+i\beta)\}^l \{D-(\alpha-i\beta)\}^l y=0$$

これを[Ⅰ]によって解くと，形式的に解は

$$y_1=(C_1'+C_2'x+\cdots+C_l'x^{l-1})e^{(\alpha+i\beta)x}$$

$$y_2=(C_1''+C_2''x+\cdots+C_l''x^{l-1})e^{(\alpha-i\beta)x}$$

によって与えられる．ここで，次の**オイラー(Euler)の公式**
$$e^{i\theta} = \cos\theta + i\sin\theta$$
によって，y_1, y_2 を変形し，$y_1 + y_2$ を作ると
$$y_1 + y_2 = (C_1 + C_2 x + \cdots + C_l x^{l-1})e^{\alpha x}\cos\beta x$$
$$+ (C_{l+1} + C_{l+2} x + \cdots + c_{2l} x^{l-1})e^{\alpha x}\sin\beta x$$
ただし，$C_j = C_j' + C_j''$ $(j=1,\cdots,l)$, $C_{l+j} = i(C_j' + C_j'')$ $(j=1,\cdots,l)$
($e^{\alpha x}\cos\beta x, xe^{\alpha x}\cos\beta x, \cdots, x^{l-1}e^{\alpha x}\cos\beta x, e^{\alpha x}\sin\beta x, xe^{\alpha x}\sin\beta x, \cdots, x^{l-1}e^{\alpha x}\sin\beta x$ は1次独立であるから，$y_1 + y_2$ は形式的に，$(D^2 + \mu D + \nu)^l y = 0$ の解(一般解)であるが，$C_1, \cdots, C_{2l}$ を実数として，$y_1 + y_2$ が解(一般解)であることが確かめられる.)

［I］，［II］をまとめて次の公式が得られる．

［I］ $(D - \lambda)^m y = 0$ の一般解は
$$y = (C_1 + C_1 x + \cdots + C_m x^{m-1})e^{\lambda x} \qquad (C_1, \cdots, C_m \text{ は任意定数})$$
［II］ $(D^2 + \mu D + \nu)^l y = 0$ $(\mu^2 - 4\nu < 0)$ の一般解は
$$y = (C_1 + C_2 x + \cdots + C_l x^{l-1})e^{\alpha x}\cos\beta x$$
$$+ (C_{l+1} + C_{l+2} x + \cdots + C_{2l} x^{l-1})e^{\alpha x}\sin\beta x \qquad (C_1, \cdots, C_{2l} \text{ は任意定数})$$

これらを組み合わせて，微分方程式(4.3.1)の一般解が得られる．

例 次の微分方程式の一般解を求めよ．
(1) $y'' - 7y' + 12y = 0$　　　　(2) $y'' - 6y' + 9y = 0$
(3) $y'' - 4y' + 8y = 0$　　　　(4) $(D^4 + D^3 - 2D^2)y = 0$
(5) $(D^2 + 1)^3 y = 0$

(**解答**) (1) 特性方程式：$t^2 - 7t + 12 = (t-3)(t-4) = 0$　∴ $t = 3, 4$
したがって，一般解：$y = C_1 e^{3x} + C_2 e^{4x}$
(2) 特性方程式：$t^2 - 6t + 9 = (t-3)^2 = 0$　∴ $t = 3$ (2重)
ゆえに，一般解：$y = C_1 e^{3x} + C_2 x e^{3x}$
(3) 特性方程式：$t^2 - 4t + 8 = (t-2)^2 + 2^2 = 0$, $t = 2 \pm 2i$
ゆえに，一般解：$y = e^{2x}(C_1 \sin 2x + C_2 \cos 2x)$

(4) 特性方程式：$t^4 + t^3 - 2t^2 = t^2(t+2)(t-1) = 0$
  ∴ $t = 0$（2重），$1, -2$
  一般解：$y = C_1 + C_2 x + C_3 e^x + C_4 e^{-2x}$

(5) 特性方程式：$(t^2+1)^3 = 0$ ∴ $t = \pm i$（3重）
  一般解：$y = (C_1 + C_2 x + C_3 x^2)\sin x + (C_1' + C_2' x + C_3' x^2)\cos x$

問 題

[1] 次の微分方程式の一般解を求めよ．

(1) $y'' - y' - 6y = 0$
(2) $y'' - 5y' + 6y = 0$
(3) $y'' - y' - 2y = 0$
(4) $y'' - y = 0$
(5) $y'' - 4y = 0$
(6) $y'' - 5y' + 4y = 0$
(7) $y''' - y' = 0$
(8) $y''' - 3y'' - 10y' = 0$
(9) $y'' - 9y' + 20y = 0$
(10) $y''' - 3y' = 0$
(11) $y^{(4)} - y'' = 0$
(12) $y''' + 3y'' + 2y' = 0$
(13) $y'' - 2y = 0$
(14) $(D^2 - 2D + 1)y = 0$
(15) $(D^3 - 9D)y = 0$
(16) $(D^3 - D^2 - D + 1)y = 0$
(17) $(D^3 - D^2 + D - 1)y = 0$
(18) $(D^3 - 3D^2 + 3D - 1)y = 0$
(19) $(D^3 - 1)y = 0$
(20) $(D^4 - 1)y = 0$
(21) $(D^4 - 16)y = 0$
(22) $(D^3 - 3D + 2)y = 0$
(23) $(D^3 - 8)y = 0$
(24) $(D^2 - 9D + 20)y = 0$
(25) $(D^3 - 3D^2 + 2)y = 0$
(26) $(D^3 - 2D + 1)y = 0$
(27) $(D^4 - 2D^3 + 2D^2 - 2D + 1)y = 0$

[2] 次の関数系の1次独立性を調べ，もし1次独立なら，それらを解とする微分方程式を作れ．

(1) e^x, e^{3x}
(2) e^x, e^{4x}, e^{5x}
(3) $\sin 2x, \cos 2x$
(4) x, x^2
(5) $e^{2x+2}, e^{2x+3}, e^{2x+4}$
(6) $1, x, e^{3x}$
(7) $e^x, e^{-x}, \cos x, \sin x$
(8) $e^{2x}\cos 3x, e^{2x}\sin 3x$
(9) $1, e^{2x}, e^{3x}, e^{4x}$
(10) $e^{2x+2}, e^{3-2x}, e^{4x-3}$
(11) $e^{2x}, xe^{2x}, x^2 e^{2x}$

4 非斉次線形微分方程式

定数係数の非斉次線形微分方程式
$$y^{(n)} + a_1 y^{(n-1)} + \cdots + a_n y = b(x) \tag{4.4.1}$$
の一般解は
$$(余関数) + ((4.4.1)の特殊解)$$
であり，余関数 $(P(D)y = 0$ の一般解，ここで，$P(t) = t^n + a_1 t^{n-1} + \cdots + a_n)$ は前節で求められたので，本節では(4.4.1)の特殊解を求める．

(4.4.1)式は，$P(D)y = b(x)$ と表され，この両辺に逆演算 $(P(D))^{-1}$ を作用させた
$$y = \frac{1}{P(D)} b(x) \tag{4.4.2}$$
は特殊解である．したがって，$(P(D))^{-1}$ を考える：

[1] $P(t) = (t + \lambda)^m Q(t)$（因数 $(t + \lambda)^m$ をもつ場合）となるとき
$$\frac{1}{P(D)} b(x) = \frac{1}{Q(D)} \frac{1}{(D + \lambda)^m} b(x)$$

ここで，前節(4.2.9)によって

$$\boxed{\frac{1}{(D + \lambda)^m} b(x) = e^{-\lambda x} \int \cdots \int e^{\lambda x} b(x) \, dx \cdots dx \quad (m \text{ 回の積分})} \tag{4.4.3}$$

[2] $P(t) = (t^2 + \mu t + \nu) Q(t)$ $(\mu^2 - 4\nu < 0)$（因数 $(t^2 + \mu t + \nu)^l$ をもつ場合）となるとき，$\alpha = \dfrac{\mu}{2}$，$\beta^2 = \dfrac{1}{4}(4\nu - \mu^2)$ とおくと
$$t^2 + \mu t + \nu = (t + \alpha)^2 + \beta^2$$
したがって，公式(4.2.8)によって
$$\frac{1}{(D^2 + \mu D + \nu)} b(x) = e^{-\alpha x} \cdot \frac{1}{(D^2 + \beta^2)} [e^{\alpha x} b(x)]$$

ここで，

4 非斉次線形微分方程式　67

$$\frac{1}{(D^2+\beta^2)}g(x) = \frac{1}{2i\beta}\left[\frac{1}{D-i\beta}-\frac{1}{D+i\beta}\right]g(x)$$

$$= \frac{1}{2i\beta}\left[e^{i\beta x}\int e^{-i\beta x}g(x)dx - e^{-i\beta x}e^{i\beta x}g(x)dx\right]$$

(オイラーの公式によって)

$$= \frac{1}{2i\beta}\left[(\cos\beta x + i\sin\beta x)\int(\cos\beta x - i\sin\beta x)\int g(x)dx\right.$$

$$\left. - (\cos\beta x - i\sin\beta x)\int(\cos\beta x + i\sin\beta x)g(x)dx\right]$$

$$= \frac{1}{\beta}\left\{\sin\beta x\int g(x)\cos\beta x\,dx - \cos\beta x\int g(x)\sin\beta x\,dx\right\}$$

より, (4.4.4)式が得られる.

$$\boxed{\frac{1}{(D^2+\beta^2)}g(x) = \frac{1}{\beta}\left\{\sin\beta x\int g(x)\cos\beta x\,dx - \cos\beta x\int g(x)\sin\beta x\,dx\right\}} \quad (4.4.4)$$

$b(x)$が一般の関数の場合には, 式の変形, 公式(4.4.3), (4.4.4)を組み合わせて, 微分方程式(4.4.1)の特殊解y((4.4.2)のy)を求めることができる.

しかし, $b(x)$が特別な場合には, 次のように特殊解yを求めることができる.

[1] $b(x) = b_0 x^k + b_1 x^{k-1} + \cdots + b_k$ (k次多項式)の場合.

$$P(t) = t^{n-m}(t^m + a_1 t^{m-1} + \cdots + a_m) \quad (a_m \neq 0, \ a_{m+1} = \cdots = a_n = 0)$$

となるとき, $q(t) = a_m + \cdots + a_1 t^{m-1} + t^m$とおくとき, 1を$q(t)$で割り, k次まで続けると, 余りは$r(t)t^{k+1}$と表される. すなわち,

$$\frac{1}{q(t)} = \alpha_0 + \alpha_1 t + \cdots + \alpha_k t^k + \frac{r(t)}{q(t)}t^{k+1}$$

と表される. そこで, $D^{k+1}b(x) = 0$となるから

$$\frac{1}{q(D)}b(x) = (\alpha_0 + \alpha_1 D + \cdots + \alpha_k D^k)b(x)$$

$$= h(x) \quad (多項式)$$

とおくと

$$\frac{1}{P(D)}b(x) = \frac{1}{D^{n-m}}\frac{1}{q(D)}b(x) = \int\cdots\int h(x)dx\cdots dx \qquad (4.4.5)$$

$$(n-m \text{ 回の積分})$$

例1 微分方程式: $(D^2 - D - 2)y = x^2 + 2x$ の特殊解を求めよ.

(解答) $P(t) = -2 - t + t^2$

$$\therefore \quad \frac{1}{P(t)} = \left(-\frac{1}{2} + \frac{1}{4}t - \frac{3}{8}t^2\right) + \frac{5+3t}{8(2+t-t^2)}t^3$$

したがって,特殊解は

$$y = \frac{1}{P(D)}(x^2 + 2x) = \left(-\frac{1}{2} + \frac{1}{4}D - \frac{3}{8}D^2\right)(x^2 + 2x)$$

$$= -\frac{1}{2}x^2 - \frac{1}{2}x - \frac{1}{4}$$

[2] $b(x) = e^{\lambda x}$ の場合.

$$P(t) = (t - \lambda)^m Q(t) \qquad (Q(\lambda) \neq 0)$$

とすると,公式(4.2.8), (4.2.9)によって

$$\frac{1}{P(D)}e^{\lambda x} = \frac{1}{(D-\lambda)^m Q(D)}e^{\lambda x} = \frac{1}{(D-\lambda)^m}\frac{1}{Q(\lambda)}e^{\lambda x}$$

$$= \frac{1}{Q(\lambda)}e^{\lambda x}\int\cdots\int e^{-\lambda x}\cdot e^{\lambda x}dx\cdots dx \qquad (m\text{ 回の積分})$$

$$= \frac{1}{Q(\lambda)}\frac{1}{m!}x^m e^{\lambda x}$$

$$\frac{1}{P(D)}e^{\lambda x} = \frac{1}{m!Q(\lambda)}x^m e^{\lambda x} \qquad (4.4.6)$$

例2 微分方程式: $y'' - 5y' + 6y = e^{2x}$ の特殊解を求めよ.

(解答) $P(t) = t^2 - 5t + 6 = (t-2)(t-3)$

$$\therefore \quad \frac{1}{P(D)}e^{2x} = \frac{1}{D-2}\cdot\frac{1}{(2-3)}e^{2x} = -e^{2x}\int 1 dx = -xe^{2x}$$

[3] $b(x) = \cos\lambda x$, または, $\sin\lambda x$ の場合.
$$P(t) = (t^2 + \lambda^2)^m Q(t), \quad (Q(i\lambda) \neq 0)$$
とする. オイラーの公式
$$e^{i\theta} = \cos\theta + i\sin\theta, \ e^{-i\theta} = \cos\theta - i\sin\theta \text{ より}$$
$$\cos\theta = \frac{1}{2}(e^{i\theta} + e^{-i\theta}), \quad \sin\theta = \frac{1}{2i}(e^{i\theta} - e^{-i\theta})$$
$$\frac{1}{P(D)}\cos\lambda x = \frac{1}{(D^2+\lambda^2)^m} \frac{1}{Q(D)}\left[\frac{1}{2}(e^{i\lambda x} + e^{-i\lambda x})\right]$$

ここで

$$\frac{1}{Q(D)}\left[\frac{1}{2}(e^{i\lambda x} + e^{-i\lambda x})\right] = \frac{1}{2}\left[\frac{1}{Q(i\lambda)}e^{i\lambda x} + \frac{1}{Q(-i\lambda)}e^{-i\lambda x}\right]$$

$$\frac{1}{P(D)}\cos\lambda x = \frac{1}{2}\left[\frac{1}{Q(i\lambda)(2i\lambda)^m}\frac{1}{(D-i\lambda)^m}e^{i\lambda x}\right.$$
$$\left. + \frac{1}{Q(-i\lambda)(-2i\lambda)^m}\frac{1}{(D+i\lambda)^m}e^{-i\lambda x}\right]$$
$$= \frac{x^m}{2m!}\left[\frac{1}{Q(i\lambda)(2i\lambda)^m}e^{i\lambda x} + \frac{1}{Q(-i\lambda)(-2i\lambda)^m}e^{-\lambda x}\right]$$
$$= x^m(K_1\cos\lambda x + K_2\sin\lambda x)$$

ここで, K_1, K_2 は, オイラーの公式を用いて, $Q(i\lambda)(2i\lambda)^m$, $Q(-i\lambda)(-2i\lambda)^m$ より得られる. $b(x) = \sin\lambda x$ のときも同様である. したがって, 次の公式が得られる.

$$\frac{1}{P(D)}\cos\lambda x = x^m(K_1\cos\lambda x + K_2\sin\lambda x) \qquad (4.4.7)$$
$$\frac{1}{P(D)}\sin\lambda x = x^m(L_1\cos\lambda x + L_2\sin\lambda x) \qquad (4.4.8)$$

ただし, K_1, K_2, L_1, L_2 は P の分解によって得られる定数.

例3 微分方程式：$(D^2 - 3D + 2)y = \cos 2x$ の特殊解を求めよ．

（解答） $P(t) = t^2 - 3t + 2, \quad \cos 2x = \dfrac{1}{2}\left(e^{2xi} + e^{-2xi}\right)$

$$\therefore \frac{1}{P(D)}\cos 2x = \frac{1}{2}\frac{1}{D^2 - 3D + 2}\left(e^{2xi} + e^{-2xi}\right)$$

$$= \frac{1}{2}\left\{-\frac{1}{2(1+3i)}e^{2xi} - \frac{1}{2(1-3i)}e^{-2xi}\right\}$$

$$= -\frac{1}{20}(\cos 2x + 3\sin 2x)$$

[4] $b(x) = e^{\lambda x}\varphi(x)$ の場合．

(4.2.8) によって，

$$\frac{1}{P(D)}e^{\lambda x}\varphi(x) = e^{\lambda x}\frac{1}{P(D+\lambda)}\varphi(x)$$

を使う．

例4 微分方程式：$(D^2 - 1)y = xe^x$ の特殊解を求めよ．

（解答）
$$y = \frac{1}{D^2 - 1}e^x x = e^x \frac{1}{(D+1)^2 - 1}x = e^x \frac{1}{D^2 + 2D}x$$

$$= e^x \cdot \frac{1}{D} \cdot \frac{1}{(2+D)}x = e^x \cdot \frac{1}{D}\left\{\left(\frac{1}{2} - \frac{1}{4}D\right)x\right\}$$

$$= e^x \int \left(\frac{1}{2}x - \frac{1}{4}\right)dx = \left(\frac{1}{4}x^2 - \frac{1}{4}x\right)e^x$$

[5] $b(x) = \varphi(x)\cos\lambda x$，または，$\varphi(x)\sin\lambda x$ の場合．

$$\cos\lambda x = \frac{1}{2}\left(e^{\lambda xi} + e^{-\lambda xi}\right), \quad \sin\lambda x = \frac{1}{2i}\left(e^{\lambda xi} - e^{-\lambda xi}\right)$$

によって

$$\frac{1}{P(D)}\varphi(x)\cos\lambda x = \frac{1}{2}\left\{\frac{1}{P(D)}\varphi(x)e^{\lambda xi} + \frac{1}{P(D)}\varphi(x)e^{-\lambda xi}\right\}$$

$$= \frac{1}{2}\left\{e^{\lambda xi}\frac{1}{P(D+i\lambda)}\varphi(x) + e^{-\lambda xi}\frac{1}{P(D-i\lambda)}\varphi(x)\right\}$$

$$\frac{1}{P(D)}\varphi(x)\sin\lambda x = \frac{1}{2i}\left\{e^{\lambda xi}\frac{1}{P(D+i\lambda)}\varphi(x) - e^{-\lambda xi}\frac{1}{P(D-i\lambda)}\varphi(x)\right\}$$

を使う．

例5 微分方程式：$(D^2 - D - 2)y = x\sin x$ の特殊解を求めよ．

（解答）
$$\sin x = \frac{1}{2i}(e^{ix} - e^{-ix})$$

$$y = \frac{1}{D^2 - D - 2}x\sin x = \frac{1}{2i}\left\{\frac{1}{D^2 - D - 2}xe^{ix} - \frac{1}{D^2 - D - 2}xe^{-ix}\right\}$$

$$= \frac{1}{2i}\left\{e^{ix}\frac{1}{D^2 + (2i-1)D - (3+i)}x\right.$$

$$\left. - e^{-ix}\frac{1}{D^2 - (2i+1)D - (3-i)}x\right\}$$

$$= \frac{1}{2i}\left\{-e^{ix}\left(\frac{1}{3+i} + \frac{2i-1}{(3+i)^2}D\right)x\right.$$

$$\left. + e^{-ix}\left(\frac{1}{3-i} + \frac{2i+1}{(3-i)^2}D\right)x\right\}$$

$$= \left(-\frac{3}{10}x - \frac{1}{25}\right)\sin x + \left(\frac{1}{10}x - \frac{11}{50}\right)\cos x$$

[6] $b(x) = \alpha_1 g_1(x) + \cdots + \alpha_l g_l(x)$ （$g_j(x)$ が [1]～[5] の形の関数で，α_j が定数）の場合．

$P(D)$ は線形であるから

$$\frac{1}{P(D)}(\alpha_1 g_1(x) + \cdots + \alpha_l g_l(x)) = \alpha_1 \frac{1}{P(D)}g_1(x) + \cdots + \alpha_l \frac{1}{P(D)}g_l(x)$$

を用いて，特殊解を求めることができる．

[1]～[5] の場合に，特殊解は次の形になる．

[1]： $y = A_0 x^{k+(n-m)} + A_1 x^{k+(n-m)-1} + \cdots + A_{k+n-m}$

[2]： $y = (A_0 x^m + \cdots + A_m)e^{\lambda x}$

[3]： $y = (A_0 x^m + \cdots + A_m)\cos\lambda x + (B_0 x^m + \cdots + B_m)\sin\lambda x$

[4]： $\varphi(x)$ が k 次式で，$P(t) = (t-\lambda)^m Q(t)$ $(Q(\lambda) \neq 0)$ の場合．
$$y = (A_0 x^{k+m} + \cdots + A_{k+m})e^{\lambda x}$$

[5]： $\varphi(x)$ が k 次式で，$P(t) = (t^2 + \lambda^2)^m Q(t)$ $(Q(i\lambda) \neq 0)$ の場合．
$$y = (A_0 x^{k+m} + \cdots + A_{k+m})\sin\lambda x + (B_0 x^{k+m} + \cdots + B_{k+m})\cos\lambda x$$

したがって，特殊解をこのような形とし，これらを微分方程式 (4.4.1) の左辺に代入し，これが右辺の $b(x)$ になるように $A_0, A_1, \cdots, B_0, B_1, \cdots$ を定めれば1つの特殊解が得られる．この方法を**未定係数法**という．

例6 次の微分方程式を未定係数法によって解け．

(1) $y'' + y = 2e^{3x}$　　(2) $y'' - 3y' + 2y = 2x^2 - 6x$

(解答) (1) $P(t) = t^2 + 1$

したがって，余関数 $Y_0 = C_1 \sin x + C_2 \cos x$

特殊解 $Y_1 = Ae^{3x}$ とおくと，

$\quad Y_1'' + Y_1 = 9Ae^{3x} + Ae^{3x} = 2e^{3x}$

$\quad \therefore\ 10A = 2,\ A = \dfrac{1}{5}$

したがって，$y = Y_0 + Y_1 = C_1 \sin x + C_2 \cos x + \dfrac{1}{5}e^{3x}$

(2) $P(t) = t^2 - 3t + 2 = (t-2)(t-1)$

したがって，$Y_0 = C_1 e^{2x} + C_2 e^x$，$Y_1 = Ax^2 + Bx + C$ とおき，これを与式に代入すると

$\quad Y_1'' - 3Y_1' + 2Y_1 = 2Ax^2 + (2B - 6A)x + 2A - 3B + 2C = 2x^2 - 6x$

$\quad \therefore\ 2A = 2,\ 2B - 6A = -6,\ 2A - 3B + 2C = 0$

$\quad \therefore\ A = 1,\ B = 0,\ C = -1$

したがって，一般解：$y = C_1 e^{2x} + C_2 e^x + x^2 - 1$

問 題

〔1〕次の微分方程式の特殊解の1つを求めよ．

(1) $y' - y = x$
(2) $y' + 2y = \sin x$
(3) $2y' - 3y = e^{4x}$
(4) $y' - 3y = x^2 + 1$
(5) $y'' + y' = 3x$
(6) $y'' - 2y = e^{2x}$
(7) $y'' - 9y = 3e^x$
(8) $y'' - 4y = \cos 2x$
(9) $y''' - 2y'' = x^2 - x$
(10) $y'' - y' - 12y = 5e^{3x} + \cos x$
(11) $y'' - 5y' + 4y = \sin x + \cos 2x$
(12) $y'' + 4y = x^3 + 2x$
(13) $y'' + 9y = 2\sin 3x$
(14) $y''' - 4y' = x - 5\cos x$
(15) $y''' + y'' - 2y = x^2 + 4\sin x$
(16) $y''' - 3y'' + 2y = x^3 + 3x$
(17) $(D^2 - 2D + 4)y = e^x(x+3)$
(18) $(D^2 - 2D + 1)y = \sin\left(x + \dfrac{\pi}{3}\right)$
(19) $(D^2 - 4D + 4)(D+1)y = \cos 2x$
(20) $(D^2 + 9)y = x\sin 2x$
(21) $(D^2 + 3D + 5)y = x^2 + x\cos 2x$
(22) $(D^2 + 6D + 25)y = 1 + 2x + 3x^2$
(23) $(D^3 - 4D^2 + 20D)y = (2x - 3)e^{-2x}$
(24) $(D^3 - 3D^2 + 3D - 1)y = xe^{2x}$
(25) $(D^2 - 1)^2 y = x^3 - 2x^2 + 5$
(26) $(D^3 - D^2 + D - 1)y = x - \cos x$
(27) $(D^3 + 2D^2 - 5D - 6)y = e^{2x}$

〔2〕次の微分方程式の一般解を求めよ．

(1) $y'' - y = 2x + 3$
(2) $y'' - 3y' = 2e^{3x}$
(3) $y'' + 4y' + 3y = x$
(4) $y'' - 2y' + 4y = \cos x$
(5) $y'' - 2y' + y = xe^x$
(6) $y'' - y = \cos x$
(7) $y'' - 2y = 4e^x$
(8) $y'' - 9y = xe^x - x^2$
(9) $y'' - 4y = x^4 + 2x^2$
(10) $y'' + 4y' + 5y = x + 3e^x$
(11) $y''' - y' = x^3 - 2x + 1$
(12) $y'' - y' - 2y = x^2 + x - 1$
(13) $(D^2 - 3D - 10)y = x^4 - 2x^2 + 1$
(14) $(D^4 - 1)y = x^2 - 2x$
(15) $(D^3 - 3D + 2)y = e^x \sin x$
(16) $(D^3 - 3D + 2)y = e^x \cos x$
(17) $(D^4 - 16)y = xe^x$
(18) $(D^4 - 2D^3 + 2D^2 - 2D + 1)y = x$
(19) $(D^3 - 1)y = \cos\left(x + \dfrac{\pi}{4}\right)$
(20) $(D - 2)^3 y = \sin 2x$
(21) $(D^3 - 2D^2 - D + 2)y = xe^{2x}$
(22) $(D^4 + 2D^2 + 1)y = x\sin x$
(23) $(D^2 + 2D + 1)y = x^2 e^{-x}$
(24) $(D^3 - 2D^2 - 4D + 8)y = 32\cosh 2x$
(25) $(D^2 - 6D + 8)y = e^x + 2e^{2x}$

5 オイラー形の微分方程式

微分方程式
$$x^n y^{(n)} + a_1 x^{n-1} y^{(n-1)} + \cdots + a_{n-1} xy' + a_n y = b(x) \tag{4.5.1}$$
($a_1, a_2, \cdots, a_n$ は定数) を**オイラー (Euler) 形の微分方程式**という．

いま，
$$x = e^t, \quad t = \log x \tag{4.5.2}$$
とおくと，
$$\frac{dy}{dx} = \frac{dy}{dt}\frac{dt}{dx} = \frac{1}{x}\frac{dy}{dt} \quad \left(\because \ x\frac{dy}{dx} = \frac{dy}{dt}\right)$$
したがって，$D_x = \dfrac{d}{dx}$，$D_t = \dfrac{d}{dt}$ とおくと，$xD_x = D_t$
$$\frac{d^2 y}{dx^2} = \frac{1}{x}\frac{d}{dt}\left(\frac{dy}{dx}\right) = \frac{1}{x}\frac{d}{dt}\left(\frac{1}{x}\frac{dy}{dx}\right)$$
$$= \frac{1}{x}\left\{-\frac{1}{x}\frac{dy}{dt} + \frac{1}{x}\frac{d^2 y}{dt^2}\right\} \quad \left(\frac{d}{dt}\left(\frac{1}{x}\right) = \frac{d}{dt}e^{-t} \text{ より}\right)$$
$$= \frac{1}{x^2}\left(\frac{d^2 y}{dt^2} - \frac{dy}{dt}\right)$$
$$\therefore \quad x^2 D_x^2 = D_t(D_t - 1)$$

一般に，
$$x^m D_x^m = D_t(D_t - 1) \cdots (D_t - m + 1) \tag{4.5.3}$$
が成り立つ．

したがって，変数変換 (4.5.2) によって，オイラー形の微分方程式 (4.5.1) は定数係数の微分方程式に直る．

例1 $x^2 y'' - 2xy' + 2y = 0$ を解け．

(解答) $x = e^t$ とおくと，$xD_x = D_t$，$x^2 D_x^2 = D_t(D_t - 1)$ より，与式は
$$\{D_t(D_t - 1) - 2D_t + 2\}y = (D_t^2 - 3D_t + 2)y$$
$$= (D_t - 2)(D_t - 1)y = 0$$
したがって，一般解：$y = C_1 e^{2t} + C_2 e^t = C_1 x^2 + C_2 x$

例2 $x^3 y''' + xy' - y = x\log x$ を解け．

(解答) $x = e^t$ とおくと，

$$xD_x = D_t, \quad x^2 D_x^2 = D_t(D_t - 1), \quad x^3 D_x^3 = D_t(D_t - 1)(D_t - 2)$$

したがって，与式は，

$$\{D_t(D_t - 1)(D_t - 2) + D_t - 1\}y = te^t$$

$$\therefore \quad (D_t - 1)^3 y = te^t$$

したがって，

一般解：$y = (C_1 t^2 + C_2 t + C_3)e^t + \dfrac{1}{24}t^4 e^t$

$\qquad = \{C_1(\log x)^2 + C_2 \log x + C_3\}x + \dfrac{1}{24}x(\log x)^4$

問　題

〔1〕 (4.5.3)式を証明せよ．

〔2〕 次の微分方程式を解け．

(1) $x^2 y'' - 2xy' + y = 0$
(2) $x^2 y'' + xy' + y = 0$
(3) $x^2 y'' + xy' - 4y = 0$
(4) $x^2 y'' + 5xy' + 4y = 0$
(5) $x^2 y'' - 4xy' + 4y = 0$
(6) $x^3 y''' + 4x^2 y'' - 2xy' - 4y = 0$
(7) $(x^2 D^2 - xD + 1)y = \log x$
(8) $(x^2 D^2 + 3xD + 2)y = x\log x$
(9) $(x^2 D^2 - 2xD + 2)y = 3x^2$
(10) $\left(x^2 D^2 - xD + \dfrac{1}{4}\right)y = x + \log x$
(11) $(x^3 D^3 + xD - 1)y = x\log x$
(12) $(x^3 D^3 - 3x^2 D^2 + 6xD - 6)y = x^3$
(13) $(x^3 D^3 + 12xD - 12)y = \cos(2\log x)$
(14) $\{(x+1)^2 D^2 - (x+1)D + 1\}y = 0$

第5章　連立微分方程式

1　1階連立微分方程式

独立変数 x の未知関数 $y_1, y_2, \cdots, y_n$ に関する連立微分方程式が

$$\begin{cases} y_1' = F_1(x, \ y_1, \cdots, y_n) \\ y_2' = F_2(x, \ y_1, \cdots, y_n) \\ \quad \cdots\cdots \\ y_n' = F_n(x, \ y_1, \cdots, y_n) \end{cases} \tag{5.1.1}$$

と表されるとき，これを**正規形**であるという．正規形で，

$$\begin{cases} y_1' = a_{11}(x)y_1 + \cdots + a_{1n}(x)y_n + b_1(x) \\ y_2' = a_{21}(x)y_1 + \cdots + a_{2n}(x)y_n + b_2(x) \\ \quad \cdots\cdots \\ y_n' = a_{n1}(x)y_1 + \cdots + a_{nn}(x)y_n + b_n(x) \end{cases} \tag{5.1.2}$$

の形の微分方程式を**線形**といい，特に $b_1(x) \equiv 0, \cdots, b_n(x) \equiv 0$ となるとき，すなわち，

$$\begin{cases} y_1' = a_{11}(x)y_1 + \cdots + a_{1n}(x)y_n \\ y_2' = a_{21}(x)y_1 + \cdots + a_{2n}(x)y_n \\ \quad \cdots\cdots \\ y_n' = a_{n1}(x)y_1 + \cdots + a_{nn}(x)y_n \end{cases} \tag{5.1.3}$$

を**斉次**または**同次**であるという．

n 階正規形微分方程式

$$y^{(n)} = F(x, \ y, \ y', \cdots, y^{(n-1)}) \tag{5.1.4}$$

は，$y_1 = y$, $y_2 = y'$, ..., $y_n = y^{(n-1)}$ とおくことによって，1階の正規形連立微分方程式

$$\begin{cases} y_1' = y_2 \\ y_2' = y_3 \\ \quad \cdots \cdots \\ y_n' = F(x, y_1, y_2, \cdots, y_n) \end{cases} \quad (5.1.5)$$

に直すことができる．

例1 線形微分方程式

$$y'' + a_1(x)y' + a_2(x)y = b(x)$$

を連立微分方程式に直せ．

(解答) $y_1 = y$, $y_2 = y'$ とおくと

$$\begin{cases} y_1' = y_2 \\ y_2' = -a_2(x)y_1 - a_1(x)y_2 + b(x) \end{cases}$$

l 個のベクトル

$$\boldsymbol{u}_1(x) = \begin{pmatrix} u_{11}(x) \\ \vdots \\ u_{n1}(x) \end{pmatrix}, \quad \boldsymbol{u}_2(x) = \begin{pmatrix} u_{12}(x) \\ \vdots \\ u_{n2}(x) \end{pmatrix}, \cdots, \boldsymbol{u}_l(x) = \begin{pmatrix} u_{1l}(x) \\ \vdots \\ u_{nl}(x) \end{pmatrix} \quad (5.1.6)$$

に対して，

$$\alpha_1 \boldsymbol{u}_1(x) + \alpha_2 \boldsymbol{u}_2(x) + \cdots + \alpha_l \boldsymbol{u}_l(x) \equiv 0 \text{ ならば}, \quad \alpha_1 = \alpha_2 = \cdots = \alpha_l = 0$$

となるとき，$\boldsymbol{u}_1(x), \boldsymbol{u}_2(x), \cdots, \boldsymbol{u}_l(x)$ は**1次独立**であるという．1次独立でないとき，**1次従属**という．

x を動かしたとき，行列

$$(\boldsymbol{u}_1(x) \quad \boldsymbol{u}_2(x) \quad \cdots \quad \boldsymbol{u}_l(x)) = \begin{pmatrix} u_{11}(x) & u_{12}(x) & \cdots & u_{1l}(x) \\ \cdots\cdots\cdots\cdots\cdots\cdots \\ u_{n1}(x) & u_{n2}(x) & \cdots & u_{nl}(x) \end{pmatrix}$$

の階数を k とすると，$\boldsymbol{u}_1(x), \cdots, \boldsymbol{u}_l(x)$ の中から k 個の1次独立なベクトルが選べ

る．特に，$l = n$ のとき

$$\Delta(x) = \begin{vmatrix} u_{11}(x) & u_{12}(x) & \cdots & u_{1n}(x) \\ & \cdots\cdots\cdots\cdots\cdots\cdots & \\ u_{n1}(x) & u_{n2}(x) & \cdots & u_{nn}(x) \end{vmatrix} \qquad (5.1.7)$$

とおく．このとき，$\Delta(x) \not\equiv 0$ ならば，$\boldsymbol{u}_1(x), \cdots, \boldsymbol{u}_n(x)$ は1次独立である．

斉次線形連立微分方程式

$$\begin{cases} y_1' = a_{11}(x)y_1 + a_{12}(x)y_2 \\ y_2' = a_{21}(x)y_1 + a_{22}(x)y_2 \end{cases} \qquad (5.1.8)$$

の2つの解を

$$\begin{pmatrix} y_1 \\ y_2 \end{pmatrix} = \begin{pmatrix} g_1(x) \\ g_2(x) \end{pmatrix} (= \boldsymbol{g}(x)), \quad \begin{pmatrix} y_1 \\ y_2 \end{pmatrix} = \begin{pmatrix} h_1(x) \\ h_2(x) \end{pmatrix} (= \boldsymbol{h}(x))$$

とすると，実数 α, β に対して

$$\begin{pmatrix} y_1 \\ y_2 \end{pmatrix} = \alpha \boldsymbol{g}(x) + \beta \boldsymbol{h}(x) = \begin{pmatrix} \alpha g_1(x) + \beta h_1(x) \\ \alpha g_2(x) + \beta h_2(x) \end{pmatrix}$$

も連立微分方程式(5.1.8)の解である．

次に，(5.1.8)の1次独立な解 $\boldsymbol{g}(x)$ と $\boldsymbol{h}(x)$ が求められた場合，非斉次連立微分方程式

$$\begin{cases} y_1' = a_{11}(x)y_1 + a_{12}(x)y_2 + b_1(x) \\ y_2' = a_{21}(x)y_1 + a_{22}(x)y_2 + b_2(x) \end{cases} \qquad (5.1.9)$$

を解くことができる．これを進める前に，

$$\boldsymbol{Y} = \begin{pmatrix} y_1 \\ y_2 \end{pmatrix}, \quad \boldsymbol{Y}' = \begin{pmatrix} y_1' \\ y_2' \end{pmatrix}, \quad A(x) = \begin{pmatrix} a_{11}(x) & a_{12}(x) \\ a_{21}(x) & a_{22}(x) \end{pmatrix}, \quad \boldsymbol{b}(x) = \begin{pmatrix} b_1(x) \\ b_2(x) \end{pmatrix}$$

とおくと，(5.1.8), (5.1.9) は次のように表せる

$$\boldsymbol{Y}' = A(x)\boldsymbol{Y} \qquad (5.1.8)'$$

$$\boldsymbol{Y}' = A(x)\boldsymbol{Y} + \boldsymbol{b}(x) \qquad (5.1.9)'$$

定数 C_1, C_2 に対して

$$\boldsymbol{Y} = C_1 \boldsymbol{g}(x) + C_2 \boldsymbol{h}(x) \qquad (5.1.10)$$

は(5.1.8)の解であるが，C_1，C_2 が x の関数とみて，この Y が(5.1.9)の解となるように C_1，C_2 を定める．これを**定数変化法**という．

いま，

$$\Delta(x) = \begin{vmatrix} g_1(x) & h_1(x) \\ g_2(x) & h_2(x) \end{vmatrix} \not\equiv 0 \tag{5.1.11}$$

であると仮定する．

C_1，C_2 は x の関数とし，(5.1.10)の両辺を微分すると

$$Y' = (C_1 \boldsymbol{g}'(x) + C_2 \boldsymbol{h}'(x)) + (C_1' \boldsymbol{g}(x) + C_2' \boldsymbol{h}(x))$$
$$= A(x) Y + C_1' \boldsymbol{g}(x) + C_2' \boldsymbol{h}(x)$$

(5.1.9)′ によって

$$C_1' \boldsymbol{g}(x) + C_2' \boldsymbol{h}(x) = \boldsymbol{b}(x) \qquad \left((\boldsymbol{g}(x) \quad \boldsymbol{h}(x)) \begin{pmatrix} C_1' \\ C_2' \end{pmatrix} = \boldsymbol{b}(x) \right)$$

すなわち，

$$\begin{cases} g_1(x) C_1' + h_1(x) C_2' = b_1(x) \\ g_2(x) C_1' + h_2(x) C_2' = b_2(x) \end{cases} \tag{5.1.12}$$

これより C_1'，C_2' を求め，これを積分し C_1，C_2 が求められ，この C_1，C_2 を(5.1.10)に代入して，一般解が得られる．この方法は $n > 2$ の場合にも同様である．

例2 連立微分方程式

$$\begin{cases} y_1' = y_2 + x \\ y_2' = -y_1 + x^2 + 1 \end{cases}$$

を解け．

(解答) $g_1(x) = \sin x$，$g_2(x) = \cos x$，$h_1(x) = \cos x$，$h_2(x) = -\sin x$ とおくと，$\boldsymbol{g}(x)$，$\boldsymbol{h}(x)$ は連立微分方程式：$y_1' = y_2$，$y_2' = -y_1$ の解であり，

$$\Delta(x) = \begin{vmatrix} g_1(x) & h_1(x) \\ g_2(x) & h_2(x) \end{vmatrix} = \begin{vmatrix} \sin x & \cos x \\ \cos x & -\sin x \end{vmatrix} = -1 \neq 0$$

よって，$g(x)$，$h(x)$ は1次独立である．(5.1.12) によって

$$\begin{cases} C_1' \sin x + C_2' \cos x = x \\ C_1' \cos x - C_2' \sin x = x^2 + 1 \end{cases}$$

$$\therefore \quad C_1' = x \sin x + (x^2 + 1)\cos x, \quad C_2' = x \cos x - (x^2 + 1)\sin x$$

$$C_1 = x^2 \sin x + x \cos x + \alpha, \quad C_2 = x^2 \cos x - x \sin x + \beta$$

$$(\alpha, \beta は任意定数)$$

解：$\begin{cases} y_1 = (x^2 \sin x + x \cos x + \alpha)\sin x + (x^2 \cos x - x \sin x + \beta)\cos x \\ y_2 = (x^2 \sin x + x \cos x + \alpha)\cos x - (x^2 \cos x - x \sin x + \beta)\sin x \end{cases}$

未知関数 y，z に関する連立微分方程式

$$\begin{cases} \dfrac{dy}{dx} = F_1(x, y, z) \\ \dfrac{dz}{dx} = F_2(x, y, z) \end{cases} \tag{5.1.13}$$

は次の形に直すことができる

$$\frac{dx}{G_1(x, y, z)} = \frac{dy}{G_2(x, y, z)} = \frac{dz}{G_3(x, y, z)} \tag{5.1.14}$$

この形の連立微分方程式の解法のいくつかを示す．

[Ⅰ] 関数 $X(x)$，$Y(y)$，$Z(z)$ があって，

$$X'(x)G_1(x, y, z) + Y'(y)G_2(x, y, z) + Z'(z)G_3(x, y, z) = 0$$

となる場合．(5.1.14) より

$$\frac{X'(x)dx}{X'(x)G_1} = \frac{Y'(y)dy}{Y'(y)G_2} = \frac{Z'(z)dz}{Z'(z)G_3} = \frac{X'dx + Y'dy + Z'dz}{X'G_1 + Y'G_2 + Z'G_3} \quad (加比の理)$$

この最後の式の分母は0であるから

$$X'dx + Y'dy + Z'dz = dX + dY + dZ = d(X + Y + Z) = 0$$

$$\therefore \quad X + Y + Z = C$$

例3 $\dfrac{dx}{3y+3z} = \dfrac{dy}{2z-3x} = \dfrac{dz}{3x+2y}$ を解け．

(解答) 与式より

$$\frac{2dx}{6y+6z} = \frac{3dy}{6z-9x} = \frac{3dz}{9x+6y} = \frac{2dx-3dy-3dz}{(6y+6z)-(6z-9x)-(9x+6y)}$$

∴ $2dx - 3dy - 3dz = d(2x - 3y - 3z) = 0$

∴ $2x - 3y - 3z = C_1$

また

$$\frac{xdx}{3xy+3xz} = \frac{ydy}{2yz-3xy} = \frac{zdz}{3xz+2yz}$$

$$= \frac{xdx + ydy - zdz}{(3xy+3xz)+(2yz-3xy)-(3xz+2yz)}$$

∴ $xdx + ydy - zdz = \dfrac{1}{2} d(x^2 + y^2 - z^2) = 0$

∴ $x^2 + y^2 - z^2 = C_2$

解：$\begin{cases} 2x - 3y - 3z = C_1 \\ x^2 + y^2 - z^2 = C_2 \end{cases}$

[Ⅱ] G_1, G_2, G_3 の間の特別な関係がある場合．

例4 $\dfrac{xdx}{y^3z} = \dfrac{dy}{x^2z} = \dfrac{dz}{y^3}$ を解け．

(解答) 与式の最初の等式より

$$\frac{xdx}{y^3z} = \frac{dy}{x^2z} \quad \Rightarrow \quad \frac{xdx}{y^3} = \frac{dy}{x^2}$$

したがって

$y^3 dy = x^3 dx$ ∴ $y^4 = x^4 + C_1$

また，

$$\frac{xdx}{y^3z} = \frac{dz}{y^3} \quad \Rightarrow \quad \frac{x}{z} dx = dz$$

$$\therefore zdz = xdx \qquad \therefore z^2 = x^2 + C_2$$

$$\text{解}: \begin{cases} y^4 = x^4 + C_1 \\ z^2 = x^2 + C_2 \end{cases}$$

問　題

〔1〕 次の微分方程式を1階の連立微分方程式に直せ．

(1) $my'' = -ky$ （m は定数）　　(2) $y'' - 3y' + 2y = x$

(3) $x^2 y'' - 2xy' + y = 1$　　(4) $(y'')^2 + y' + 3 = 0$

(5) $y''' + a_1 y'' + a_2 y' + a_3 y = 0$　　(6) $y''' - 3y' + 2y = 0$

(7) $yy''' + 2xy'' + 3y' - y = 0$　　(8) $3y''' + 5y'' - 2y = \sin x$

(9) $\begin{cases} \dfrac{d^2 y}{dx^2} + 2y + z = 0 \\ \dfrac{d^2 z}{dx^2} - y + x = 0 \end{cases}$
　　
(10) $\begin{cases} \dfrac{d^3 y}{dx^3} + \dfrac{d^2 z}{dx^2} + y = 0 \\ \dfrac{d^2 z}{dx^2} + \dfrac{dy}{dx} + z = 0 \end{cases}$

〔2〕 次の連立微分方程式を解け．

(1) $\begin{cases} y_1' = y_2 + 1 \\ y_2' = -y_1 + x \end{cases}$
　(2) $\begin{cases} y_1' = y_2 + x^2 \\ y_2' = -y_1 \end{cases}$
　(3) $\begin{cases} y_1' = y_2 + x + 1 \\ y_2' = -y_1 + x^2 - x \end{cases}$

(4) $\begin{cases} y_1' = -y_2 + 2x + 1 \\ y_2' = y_1 + x \end{cases}$
　(5) $\begin{cases} y_1' = -y_2 + \sin x \\ y_2' = y_1 - \cos x \end{cases}$
　(6) $\begin{cases} y_1' = -y_2 + e^x \\ y_2' = y_1 - x \end{cases}$

〔3〕 次の連立微分方程式を解け（a, b, c は定数）．

(1) $\dfrac{dx}{y} = \dfrac{dy}{x} = \dfrac{dz}{z}$
　　(2) $\dfrac{dx}{y-z} = \dfrac{dy}{z-x} = \dfrac{dz}{x-y}$

(3) $\dfrac{dx}{y+z} = \dfrac{dy}{z+x} = \dfrac{dz}{x+y}$
　　(4) $\dfrac{dx}{x^2+y^2} = \dfrac{dy}{2xy} = \dfrac{dz}{(x+y)z}$

(5) $\dfrac{dx}{yz} = \dfrac{dy}{zx} = \dfrac{dz}{xy}$
　　(6) $\dfrac{dx}{cy-bz} = \dfrac{dy}{az-cx} = \dfrac{dz}{bx-ay}$

(7) $\dfrac{dx}{z(x+y)} = \dfrac{dy}{z(x-y)} = \dfrac{dz}{x^2+y^2}$ （8） $\dfrac{dx}{x(y-z)} = \dfrac{dy}{y(z-x)} = \dfrac{dz}{z(x-y)}$

(9) $\dfrac{dx}{x(y^3-2x^3)} = \dfrac{dy}{y(2y^3-x^3)} = \dfrac{dz}{9z(x^3-y^3)}$ （10） $\dfrac{dx}{xy} = \dfrac{dy}{y^2} = \dfrac{dz}{xyz-x^2z}$

(11) $\dfrac{dx}{2(z-y)x} = \dfrac{dy}{y^2+z^2-zx} = \dfrac{dz}{xy-y^2-z^2}$

2 定数係数線形連立微分方程式

独立変数xの未知関数y, zに関する連立微分方程式が

$$\begin{cases} a_1 y^{(m)} + a_2 y^{(m-1)} + \cdots + a_{m+1} y + b_1 z^{(n)} + b_2 z^{(n-1)} + \cdots + b_{n+1} z = f_1(x) \\ c_1 y^{(p)} + c_2 y^{(p-1)} + \cdots + c_{p+1} y + d_1 z^{(q)} + d_2 z^{(q-1)} + \cdots + d_{q+1} z = f_2(x) \end{cases}$$

(5.2.1)

で与えられるとき，$D = \dfrac{d}{dx}$ とおき

$$\varphi_1(t) = a_1 t^m + a_2 t^{m-1} + \cdots + a_{m+1}, \qquad \varphi_2(t) = b_1 t^n + b_2 t^{n-1} + \cdots + b_{n+1}$$
$$\varphi_3(t) = c_1 t^p + c_2 t^{p-1} + \cdots + c_{p+1}, \qquad \varphi_4(t) = d_1 t^q + d_2 t^{q-1} + \cdots + d_{q+1}$$

とおくと，(5.2.1) は次のように表せる

$$\begin{cases} \varphi_1(D) y + \varphi_2(D) z = f_1(x) \\ \varphi_3(D) y + \varphi_4(D) z = f_2(x) \end{cases} \qquad (5.2.1)'$$

この連立微分方程式は，たとえば，両辺よりzを消去してyだけの微分方程式に直し，これを解き，どちらかの式に代入しzを解けばよい．3個以上の未知関数に対しても同様である．

例 1 次の連立微分方程式を解け $\left(D = \dfrac{d}{dx} \right)$.

$$\begin{cases} (D+1)y + z = 2 & \cdots\cdots ① \\ (D^2 - D)y - (D-1)z = x & \cdots\cdots ② \end{cases}$$

（解答） $(D-1) \times ① + ②$

$(2D^2 - D - 1)y = x - 2$

これを解いて，$y = C_1 e^x + C_2 e^{-\frac{1}{2}x} - x + 3$

これを第1式に代入して

$z = 2 - (D+1)y = -2C_1 e^x - \frac{1}{2} C_2 e^{-\frac{1}{2}x} + x$

例2 次の連立微分方程式を解け $\left(D = \dfrac{d}{dt}\right)$.

$$\begin{cases} Dx - 3y = 5 & \cdots\cdots① \\ x - Dy - z = 3 - 2t & \cdots\cdots② \\ y + Dz = -1 & \cdots\cdots③ \end{cases}$$

（解答） ①より，$y = \dfrac{1}{3}(Dx - 5)$

これを②に代入して

$z = x - Dy + 2t - 3 = x - \dfrac{1}{3} D(Dx - 5) + 2t - 3$

$\qquad\qquad\qquad\quad = -\left(\dfrac{1}{3}D^2 - 1\right)x + 2t - 3$

これらを③に代入して

$\dfrac{1}{3}(Dx - 5) - \left(\dfrac{1}{3}D^2 - 1\right)Dx + 2 = -1$

∴ $D(D-2)(D+2)x = 4$

これより $x = C_1 + C_2 e^{2t} + C_3 e^{-2t} - t$

∴ $\begin{cases} y = \dfrac{1}{3}(Dx - 5) = \dfrac{2}{3} C_2 e^{2t} - \dfrac{2}{3} C_3 e^{-2t} - 2 \\ z = -\left(\dfrac{1}{3}D^2 - 1\right)x + 2t - 3 \\ \quad = (C_1 - 3) + t - \dfrac{1}{3} C_2 e^{2t} - \dfrac{1}{3} C_3 e^{-2t} \end{cases}$

次に，独立変数 t の未知関数 x, y の定数係数の1階正規形微分方程式

$$\begin{cases} \dfrac{dx}{dt} = a_{11}x + a_{12}y \\ \dfrac{dy}{dt} = a_{21}x + a_{22}y \end{cases} \tag{5.2.2}$$

を考える．これは

$$\begin{cases} (D - a_{11})x - a_{12}y = 0 \\ -a_{21}x + (D - a_{22})y = 0 \end{cases} \quad \left(D = \dfrac{d}{dt}\right) \tag{5.2.2}'$$

と表され，これより y を消去すると

$$\{(D - a_{11})(D - a_{22}) - a_{12}a_{21}\}x = 0 \tag{5.2.3}$$

これは2階微分方程式であるから，1次独立な解 $u_1(t)$, $u_2(t)$ を求めることができ，一般解

$$x = C_1 u_1(t) + C_2 u_2(t)$$

が得られ，これを(5.2.2)の第1式または第2式に代入して，y を求めることができる．

ここで，

$$A = \begin{pmatrix} a_{11} & a_{12} \\ a_{21} & a_{22} \end{pmatrix}, \quad X = \begin{pmatrix} x \\ y \end{pmatrix}, \quad I = \begin{pmatrix} 1 & 0 \\ 0 & 1 \end{pmatrix} (単位行列)$$

$$P(\lambda) = |\lambda I - A| \quad (A の固有多項式)$$

とおくと，(5.2.2)′ は

$$(DI - A)X = 0$$

と表され，(5.2.3)式は

$$P(D)x = 0$$

と表される．未知関数が3個以上の場合も同様である．未知関数 x, y, z の正規形連立微分方程式

$$\begin{cases} \dfrac{dx}{dt} = a_{11}x + a_{12}y + a_{13}z \\ \dfrac{dy}{dt} = a_{21}x + a_{22}y + a_{23}z \\ \dfrac{dz}{dt} = a_{31}x + a_{32}y + a_{33}z \end{cases} \tag{5.2.4}$$

において,

$$D = \dfrac{d}{dt}, \quad A = \begin{pmatrix} a_{11} & a_{12} & a_{13} \\ a_{21} & a_{22} & a_{23} \\ a_{31} & a_{32} & a_{33} \end{pmatrix}, \quad I = \begin{pmatrix} 1 & 0 & 0 \\ 0 & 1 & 0 \\ 0 & 0 & 1 \end{pmatrix}(単位行列), \quad X = \begin{pmatrix} x \\ y \\ z \end{pmatrix}$$

$$P(\lambda) = |\lambda I - A| \ (Aの固有多項式)$$

とおくと,(5.2.4)は次のように表せる

$$(DI - A)X = 0 \tag{5.2.4}'$$

これより,$y,\ z$ を消去すると

$$P(D)x = 0 \tag{5.2.5}$$

この一般解 x を求め,(5.2.4)に代入して,$y,\ z$ の解が得られる.

また,連立微分方程式

$$\begin{cases} Dx = a_{11}x + a_{12}y + b_1(t) \\ Dy = a_{21}x + a_{22}y + b_2(t) \end{cases} \tag{5.2.6}$$

は

$$\begin{pmatrix} D - a_{11} & -a_{12} \\ -a_{21} & D - a_{22} \end{pmatrix} \begin{pmatrix} x \\ y \end{pmatrix} = \begin{pmatrix} b_1(t) \\ b_2(t) \end{pmatrix}$$

と表され,これより y を消去すると

$$\begin{vmatrix} D - a_{11} & -a_{12} \\ -a_{21} & D - a_{22} \end{vmatrix} x = \begin{vmatrix} b_1(t) & -a_{12} \\ b_2(t) & D - a_{22} \end{vmatrix}$$

これより,x を求めて,それを(5.2.6)に代入し y が求められる.この方法は未知関数が3個以上の場合も同様である.

2 定数係数線形連立微分方程式

例3 次の連立微分方程式を解け $\left(D = \dfrac{d}{dt}\right)$.

$$\begin{cases} Dx = x - 2y \\ Dy = -3x + 2y \end{cases}$$

(解答)

$$A = \begin{pmatrix} 1 & -2 \\ -3 & 2 \end{pmatrix} \quad \therefore \quad P(\lambda) = \begin{vmatrix} \lambda - 1 & 2 \\ 3 & \lambda - 2 \end{vmatrix} = (\lambda - 4)(\lambda + 1)$$

$$\therefore \quad P(D)x = (D - 4)(D + 1)x = 0$$

したがって,この一般解: $x = C_1 e^{4t} + C_2 e^{-t}$

これを第1式に代入して

$$y = \frac{1}{2}(x - Dx) = \frac{1}{2}\left(-3C_1 e^{4t} + 2C_2 e^{-t}\right) = -\frac{3}{2}C_1 e^{4t} + C_2 e^{-t}$$

解: $\begin{cases} x = C_1 e^{4t} + C_2 e^{-t} \\ y = -\dfrac{3}{2}\left(C_1 e^{4t} + C_2 e^{-t}\right) \end{cases}$

例4 連立微分方程式

$$\begin{cases} \alpha \dfrac{dx}{dt} + \beta \dfrac{dy}{dt} = a_{11}x + a_{12}y \\ \gamma \dfrac{dx}{dt} + \delta \dfrac{dy}{dt} = a_{21}x + a_{22}y \end{cases}$$

を解け.

(解答) $D = \dfrac{d}{dt}$ とおく. $\alpha\delta - \beta\gamma \neq 0$ の場合.

$$Dx = \frac{1}{\alpha\delta - \beta\gamma}\left\{\begin{vmatrix} a_{11} & \beta \\ a_{21} & \delta \end{vmatrix}x + \begin{vmatrix} a_{12} & \beta \\ a_{22} & \delta \end{vmatrix}y\right\}$$

$$Dy = \frac{1}{\alpha\delta - \beta\gamma}\left\{\begin{vmatrix} \alpha & a_{11} \\ \gamma & a_{21} \end{vmatrix}x + \begin{vmatrix} \alpha & a_{12} \\ \gamma & a_{22} \end{vmatrix}y\right\}$$

これより,x, y の解を求めればよい.

$\alpha\delta - \beta\gamma = 0$ の場合. $\alpha\delta - \beta\gamma = 0$ より $\dfrac{\gamma}{\alpha} = \dfrac{\delta}{\beta} (= k$ とおくと$)$

$\gamma = \alpha k, \quad \delta = \beta k$

$\therefore \quad \gamma Dx + \delta Dy = a_{21}x + a_{22}y \quad \Rightarrow \quad k(\alpha Dx + \beta Dy) = a_{21}x + a_{22}y$

この式と与式の第1式より

$k(a_{11}x + a_{12}y) = a_{21}x + a_{22}y$

ここで，$a_{21} = ka_{11}$，$a_{22} = ka_{12}$ ならば関数 y を任意に与え，与式の第1式より

$$\alpha \frac{dx}{dt} - a_{11}x = a_{12}y - \beta \frac{dy}{dt}$$

を解けばよい．

また，$a_{21} = ka_{11}$，$a_{22} \neq ka_{12}$ (または $a_{22} \neq ka_{11}$，$a_{22} = ka_{12}$) ならば，$y \equiv 0$ (または $x \equiv 0$) となり，

$\alpha Dx = a_{11}x$ (または $\beta Dy = a_{12}y$)

より，x (または y) を求めればよい．

$a_{21} \neq ka_{11}$，$a_{22} \neq ka_{12}$ ならば，$y = \dfrac{ka_{11} - a_{21}}{a_{22} - ka_{12}}x$

これを与式に代入し，解 x を求めればよい．

例5 次の連立微分方程式を解け．

$$\begin{cases} Dx = x + y \\ Dy = z - x \\ Dz = y + z \end{cases} \quad \left(D = \frac{d}{dt}\right)$$

(解答)

$A = \begin{pmatrix} 1 & 1 & 0 \\ -1 & 0 & 1 \\ 0 & 1 & 1 \end{pmatrix} \quad \therefore \quad P(\lambda) = \begin{vmatrix} \lambda - 1 & -1 & 0 \\ 1 & \lambda & -1 \\ 0 & -1 & \lambda - 1 \end{vmatrix} = \lambda(\lambda - 1)^2$

$\therefore \quad P(D)x = D(D - 1)^2 x = 0$

$\therefore \quad x = C_1 te^t + C_2 e^t + C_3$

第1式より, $y = Dx - x = C_1 e^t - C_3$

第2式より, $z = Dy + x = +C_1 t e^t + (C_1 + C_2)e^t + C_3$

連立微分方程式

$$\begin{cases} tDy_1 = a_{11}y_1 + a_{12}y_2 + \cdots + a_{1n}y_n + b_1(t) \\ tDy_2 = a_{21}y_1 + a_{22}y_2 + \cdots + a_{2n}y_n + b_2(t) \\ \quad \cdots \cdots \\ tDy_n = a_{n1}y_1 + a_{n2}y_2 + \cdots + a_{nn}y_n + b_n(t) \end{cases} \quad \begin{pmatrix} D = \dfrac{d}{dt} \\ a_{ij} \text{ は定数} \end{pmatrix} \quad (5.2.7)$$

を**オイラーの連立微分方程式**といい,変数変換 $s = \log t \ (t = e^s)$ によって,定数係数の連立微分方程式に直すことができる.

例6 次の連立微分方程式を解け.

$$\begin{cases} tDx = x + 2y + 1 \\ tDy = x - y + t \end{cases}$$

(**解答**) $s = \log t$ とおくと, $D = \dfrac{d}{dt} = \dfrac{d}{ds}\dfrac{ds}{dt} = \dfrac{1}{t}\dfrac{d}{ds}$. これより,

$tD = \dfrac{d}{ds}(= D_s)$ とおくと, 与式は

$$\begin{cases} D_s x = x + 2y + 1 \\ D_s y = x - y + e^s \end{cases}$$

第1式より, $y = \dfrac{1}{2}(D_s x - x - 1)$. これを第2式に代入して,整理すると

$$(D_s^2 - 3)x = 2e^s + 1 \quad \therefore \quad x = C_1 e^{\sqrt{3}s} + C_2 e^{-\sqrt{3}s} - \left(e^s + \dfrac{1}{3}\right)$$

これを第1式に代入すると

$$\begin{aligned} y &= \dfrac{1}{2}(D_s x - x - 1) \\ &= \dfrac{1}{2}\left\{ \left(\sqrt{3}C_1 e^{\sqrt{3}s} - \sqrt{3}C_2 e^{-\sqrt{3}s} - e^s\right) - \left(C_1 e^{\sqrt{3}s} + C_2 e^{-\sqrt{3}s} - e^s - \dfrac{1}{3}\right) - 1 \right\} \\ &= \dfrac{1}{2}\left\{ (\sqrt{3} - 1)C_1 e^{\sqrt{3}s} - (\sqrt{3} + 1)C_2 e^{-\sqrt{3}s} - \dfrac{2}{3} \right\} \end{aligned}$$

これらの式で，$s = \log t$ と置き直し次の解が得られる

$$\begin{cases} x = C_1 t^{\sqrt{3}} + C_2 t^{-\sqrt{3}} - \left(t + \dfrac{1}{3}\right) \\ y = \dfrac{1}{2}\left\{(\sqrt{3}-1)C_1 t^{\sqrt{3}} - (\sqrt{3}+1)C_2 t^{-\sqrt{3}} - \dfrac{2}{3}\right\} \end{cases}$$

問 題

〔1〕 次の連立微分方程式を解け $\left(D = \dfrac{d}{dt}\right)$.

(1) $\begin{cases} x - Dy = 2t \\ Dx + (4D-3)y = 0 \end{cases}$
(2) $\begin{cases} (2D-1)x - D^2 y = 1 \\ Dx - y = t^2 \end{cases}$

(3) $\begin{cases} (D-1)x - (2D-1)y = t-1 \\ x + (D+4)y = 4t+1 \end{cases}$
(4) $\begin{cases} (D+1)x + 2y = 2\cos t \\ x - (D-1)y = \sin 2t \end{cases}$

(5) $\begin{cases} Dx + 3y = t \\ D^2 x + (2D-1)y = t^2 \end{cases}$
(6) $\begin{cases} D^2 x = 4y + 5 \\ D^2 y = 4x + 2t \end{cases}$

(7) $\begin{cases} 2x + D^2 y = e^t \\ (D-3)x + Dy = 4 + e^{2t} \end{cases}$
(8) $\begin{cases} D^2 x + y = \sin t \\ x + D^2 y = \cos t \end{cases}$

(9) $\begin{cases} (D^2 - D)x - 2y = 0 \\ 3x + (D-2)y = t \end{cases}$
(10) $\begin{cases} (D+1)x - y = t^2 + 1 \\ x + (D+1)y = t+2 \end{cases}$

(11) $\begin{cases} (2D^2 - 4)x - Dy = 2t \\ 2Dx + (4D-3)y = 0 \end{cases}$
(12) $\begin{cases} (D^2 + D + 1)x + D^2 y = e^t \\ Dx + (D-1)y = t \end{cases}$

(13) $\begin{cases} Dx = y \\ Dy = z \\ Dz = x \end{cases}$
(14) $\begin{cases} D^2 x = y + z + 1 \\ D^2 y = z + x + t \\ D^2 z = x + y + t^2 \end{cases}$
(15) $\begin{cases} (7D-8)x - 4y + z = 0 \\ x + (D-2)y - z = 0 \\ x - 3y + (7D+6)z = 0 \end{cases}$

(16) $\begin{cases} Dx = -10x + 7y + z \\ Dy = -17x + 12y + z + \cos t \\ Dz = -9x + 5y + 4z + \sin t \end{cases}$
(17) $\begin{cases} (D+1)x + Dy + z = e^t \\ Dx + (D+2)y + 3z = 2e^t \\ 3y + (D+1)z = 3e^t \end{cases}$

〔2〕 次の連立微分方程式を解け $\left(D=\dfrac{d}{dt}\right)$.

(1) $\begin{cases} Dx = 2y - t \\ Dy = x + 1 \end{cases}$
(2) $\begin{cases} Dx = x - y + 1 \\ Dy = x + e^t \end{cases}$
(3) $\begin{cases} Dx = x - 2y + \sin t \\ Dy = 4x - 2y + \cos t \end{cases}$

(4) $\begin{cases} Dx + 2y = 1 \\ Dy - x = t + 2 \end{cases}$
(5) $\begin{cases} Dx = 3x + y \\ Dy = x + 2y \end{cases}$
(6) $\begin{cases} Dx + 2Dy = x + y \\ 3Dx - 4Dy = x - y \end{cases}$

(7) $\begin{cases} 2Dx - Dy = y + 1 \\ 3Dx + 4Dy = x + t \end{cases}$
(8) $\begin{cases} Dx + Dy = -x + y \\ Dx - Dy = x + y \end{cases}$

(9) $\begin{cases} Dx = y + z \\ Dy = z + x \\ Dz = x + y \end{cases}$
(10) $\begin{cases} Dx = y - z \\ Dy = z - x \\ Dz = x - y \end{cases}$
(11) $\begin{cases} Dx = x + y + 2z + 1 \\ Dy = x + 2y + z + t \\ Dz = 5x + y - 2z + t^2 \end{cases}$

(12) $\begin{cases} Dx = 2x + y + z \\ Dy = x + 2y + z \\ Dz = x + y + 2z \end{cases}$
(13) $\begin{cases} Dx = -3x + 8y - 9z + 1 \\ Dy = x - 5y + 2z + 2 \\ Dz = 3x - 14y + 6z + 3 \end{cases}$

〔3〕 次の連立微分方程式を解け.

(1) $\begin{cases} tDx = y \\ tDy = 2x \end{cases}$
(2) $\begin{cases} tDx = x + 2y \\ tDy = x - y \end{cases}$
(3) $\begin{cases} tDx = 2x - y + 1 \\ tDy = x + 3y + t \end{cases}$

(4) $\begin{cases} tDx = y \\ tDy = x + z \\ tDz = x + y + z \end{cases}$
(5) $\begin{cases} tDx = x - y + 1 \\ tDy = y - z + t \\ tDz = z - x + 2t \end{cases}$

第6章　ラプラス変換

1　ラプラス変換の定義と基本定理

区間$(0, \infty)$で定義された関数$f(t)$に対して，無限積分

$$F(s) = \int_0^\infty e^{-st} f(t) dt \tag{6.1.1}$$

が存在(有限確定)すれば，これを$f(t)$の**ラプラス(Laplace)変換**といい，

$$L[f(t)], \quad L[f]$$

とも表す．

例1　$L[1]$を求めよ．

(解答)
$$L[1] = \int_0^\infty e^{-st} \cdot 1 dt = \int_0^\infty e^{-st} dt = \left[-\frac{1}{s} e^{-st}\right]_0^\infty = \frac{1}{s} \quad (s>0)$$

例2　$L[t]$を求めよ．

(解答)
$$L[t] = \int_0^\infty t e^{-st} dt = \left[-\frac{1}{s} t e^{-st}\right]_0^\infty + \frac{1}{s} \int_0^\infty e^{-st} dt$$
$$= \frac{1}{s} \int_0^\infty e^{-st} dt = \frac{1}{s^2} \quad (s>0)$$

例3　$L[t^n]$を求めよ．

(解答)
$$L[t^n] = \int_0^\infty t^n e^{-st} dt = \left[-\frac{1}{s} t^n e^{-st}\right]_0^\infty + \frac{n}{s} \int_0^\infty t^{n-1} e^{-st} dt$$
$$= \frac{n}{s} L[t^{n-1}] \quad (s>0)$$

したがって，関係式：$L[t^n] = \frac{n}{s} L[t^{n-1}]$が得られ，例1, 2の結果より

$$L[t^n] = \frac{n!}{s^{n+1}} \qquad (s>0)$$

例4 $L[e^{at}]$ を求めよ．

(解答)
$$L[e^{at}] = \int_0^\infty e^{-st} e^{at} dt = \int_0^\infty e^{-(s-a)t} dt$$
$$= \left[\frac{-1}{s-a} e^{-(s-a)t} \right]_0^\infty = \frac{1}{s-a} \qquad (s>a)$$

例5 $L[\sin t]$, $L[\cos t]$ を求めよ．

(解答) $I = L[\sin t]$, $J = L[\cos t]$ とおくと，
$$I = \int_0^\infty e^{-st} \sin t \, dt = \left[-\frac{1}{s} e^{-st} \sin t \right]_0^\infty + \frac{1}{s} \int_0^\infty e^{-st} \cos t \, dt$$
$$= \frac{1}{s} J$$
$$J = \int_0^\infty e^{-st} \cos t \, dt = \left[-\frac{1}{s} e^{-st} \cos t \right]_0^\infty - \frac{1}{s} \int_0^\infty e^{-st} \sin t \, dt$$
$$= \frac{1}{s} - \frac{1}{s} I$$
$$\therefore \begin{cases} I = \frac{1}{s} J \\ J = \frac{1}{s} - \frac{1}{s} I \end{cases} \qquad \therefore \begin{cases} I = L[\sin t] = \dfrac{1}{s^2+1} \\ J = L[\cos t] = \dfrac{s}{s^2+1} \end{cases} \qquad (s>0)$$

例6 $L[\cosh t]$, $[\sinh t]$ を求めよ．

(解答) $\cosh t = \dfrac{e^t + e^{-t}}{2}$, $\sinh t = \dfrac{e^t - e^{-t}}{2}$, および例4により

$$L[\cosh t] = \int_0^\infty e^{-st} \left\{ \frac{e^t + e^{-t}}{2} \right\} dt = \frac{1}{2} \left\{ \frac{1}{s-1} + \frac{1}{s+1} \right\} = \frac{s}{s^2-1}$$

$$L[\sinh t] = \int_0^\infty e^{-st} \left\{ \frac{e^t - e^{-t}}{2} \right\} dt = \frac{1}{2} \left\{ \frac{1}{s-1} - \frac{1}{s+1} \right\} = \frac{1}{s^2-1}$$

関数 $f(t)$, $g(t)$ および実数 α, β に対して
$$L[\alpha f(t)+\beta g(t)] = \alpha L[f(t)]+\beta L[g(t)] \tag{6.1.2}$$
が成り立つ．この性質を**線形性**という．

ラプラス変換の存在に関して次の定理が成り立つ．

定理 1

$f(t)$ は，$t \geq 0$ の任意の有限区間で区分的に連続で，ある定数 α と M がとれて，任意の $t \geq 0$ に対して
$$|f(t)| \leq Me^{\alpha t} \tag{6.1.3}$$
を満たす関数とする．このとき，任意の $s > \alpha$ に対して，ラプラス変換 $L[f(t)]$ は存在する．

区分的に連続：$f(t)$ が有限区間 $[a, b]$ で定義され，$[a, b]$ の有限個の点 $t_1, t_2, \cdots, t_m$ を除いて連続で，不連続点 t_j ($j = 1, \cdots, m$) で右および左極限値
$$\lim_{t \to t_j+0} f(t) = f(t_j+0), \quad \lim_{t \to t_j-0} f(t) = f(t_j-0)$$
が存在（有限確定）するとき，$f(t)$ は $[a, b]$ で区分的に連続であるという．

（定理1の証明） $f(t)$ は $t \geq 0$ の任意の有限区間で区分的に連続であるから，$e^{-st}f(t)$ はそこで積分可能である．また，(6.1.3) より

$$|L[f(t)]| = \left|\int_0^\infty e^{-st}f(t)dt\right| \leq \int_0^\infty e^{-st}|f(t)|dt \leq \int_0^\infty e^{-st}Me^{\alpha t}dt$$
$$\leq M\int_0^\infty e^{-(s-\alpha)t}dt = \frac{M}{s-\alpha} \qquad (s > \alpha)$$

したがって，定理1が示された．[注)]

さらに，次の定理が成り立つ．

注) 実用上必要な多くの関数は条件 (6.1.3) を満たしている．しかし，ラプラス変換は存在するが条件 (6.1.3) を満たさない関数は存在する．

定理 2

$f_1(t)$, $f_2(t)$ は $t>0$ で定義された関数で，定理 1 の条件を満たすとする．このとき，$L[f_1(t)]=L[f_2(t)]$ ならば，不連続点を除いて，$f_1(t)=f_2(t)$ である．

したがって，定理 1 の条件を満たす関数に制限するならば，ラプラス変換 $F(s)=L[f(t)]$ に対して，もとの関数 $f(t)$ はただ 1 つ定まる（不連続点でのみ異なる値をとる関数は同じものとみなして）．この $F(s)$ に対して $f(t)$ を対応させる演算子を**ラプラス逆変換**または単に**逆変換**といい，$f(t)=L^{-1}[F(s)]$ で表す．

例 7 $\displaystyle\int_0^\infty e^{-x^2}dx=\frac{\sqrt{\pi}}{2}$ を利用して，$L\left[\dfrac{1}{\sqrt{t}}\right]$ を求めよ．

（解答）
$$L\left[\frac{1}{\sqrt{t}}\right]=\int_0^\infty \frac{1}{\sqrt{t}}e^{-st}dt \quad (\sqrt{t}=u \text{ とおくと})$$
$$=2\int_0^\infty \frac{1}{u}e^{-su^2}u\,du = 2\int_0^\infty e^{-su^2}du \quad (s>0, \sqrt{s}u=v \text{ とおくと})$$
$$=\frac{2}{\sqrt{s}}\int_0^\infty e^{-v^2}dv = \frac{\sqrt{\pi}}{\sqrt{s}}$$
$$\therefore\quad L\left[\frac{1}{\sqrt{t}}\right]=\frac{\sqrt{\pi}}{\sqrt{s}}$$

（注）$\displaystyle\lim_{t\to 0}\frac{1}{\sqrt{t}}=\infty$ となるが，ラプラス変換は存在する．

問題

〔1〕次の関数のラプラス変換を求めよ（α, β は定数）．

(1) 5 (2) $3t$ (3) $2t^2$ (4) $4t^3$

(5) $2t+3t^4$ (6) $e^{2t}+5e^{-3t}$ (7) $\sin\alpha t$ (8) $\cos\beta t$

(9) t^2-2t-3 (10) $\alpha(t-1)^2+\beta$ (11) $(2t+3)^3$ (12) $e^{\alpha t-\beta}$

(13) $\cosh t$ (14) $\sinh \alpha t$ (15) $\sin \alpha t \sin \beta t$ (16) $\sin \alpha t \cos \beta t$

(17) $\cos \alpha t \cos \beta t$ (18) $e^{\alpha t} \sin \beta t$ (19) $e^{\alpha t} \cos \beta t$ (20) $\sin^2 t$

(21) $e^t \sin(t+\alpha)$ (22) $te^{\alpha t}$ (23) $t^2 e^{\alpha t}$ (24) $t^3 e^{\alpha t}$

(25) $t \sin \alpha t$ (26) $t \cos \alpha t$ (27) $(t^2-1)(t+1)$

(28) $\dfrac{t^n - 1}{t - 1}$ $(n = 1, 2, 3 \cdots)$ (29) $f(t) = \begin{cases} t & (0 \leq t \leq 1) \\ 0 & (1 < t) \end{cases}$

(30) $f(t) = \begin{cases} 1 & (0 \leq t \leq \alpha) \\ 0 & (\alpha < t) \end{cases}$ (31) $f(t) = \begin{cases} t^2 & (0 \leq t \leq \alpha) \\ 0 & (\alpha < t) \end{cases}$

(32) $f(t) = \begin{cases} \sin t & (0 \leq t \leq 2\pi) \\ 0 & (2\pi < t) \end{cases}$ (33) $f(t) = \begin{cases} \cos t & (0 \leq t \leq 2\pi) \\ 0 & (2\pi < t) \end{cases}$

〔2〕 関数 e^{t^2}, e^{t^3}, e^{t^4} は定理1の条件 (6.1.3) を満たさないことを示せ.

〔3〕 実数 $\alpha > 0$ に対して,

$$\Gamma(\alpha) = \int_0^\infty t^{\alpha-1} e^{-t} dt \quad (これを\mathbf{ガンマ関数}という)$$

とおく.このとき,次の式が成り立つことを示せ.

$$L[t^\alpha] = \frac{\Gamma(\alpha+1)}{s^{\alpha+1}}$$

(注) $\Gamma(\alpha+1) = \alpha \Gamma(\alpha)$ が成り立つ.特に,正の整数 n に対して, $\Gamma(n+1) = n!$ が成り立つ.

2 ラプラス変換の性質

ラプラス変換の基本公式を与える.以下の公式において,関数 $f(t)$ は $t < 0$ に対しては $f(t) = 0$ とし,$F(s) = L[f(t)]$ とする.

[I] $a > 0$ に対して

$$L[f(at)] = \int_0^\infty e^{-st} f(at) dt \quad (u = at とおく)$$

$$= \frac{1}{a}\int_0^\infty e^{-\frac{s}{a}u}f(u)du = \frac{1}{a}F\left(\frac{s}{a}\right) \quad (s>0)$$

$\therefore \quad \boxed{L[f(at)] = \frac{1}{a}F\left(\frac{s}{a}\right) \quad (s>0)} \quad (6.2.1)$

[Ⅱ] $a>0$ に対して

$$L[f(t-a)] = \int_0^\infty e^{-st}f(t-a)dt \quad (s>0)$$

$$= \int_0^a e^{-st}f(t-a)dt + \int_a^\infty e^{-st}f(t-a)dt$$

(ここで, f の仮定により $f(t-a)=0$ $(0<t<a)$ であるから, 上の積分の第1項は0となる)

$$= \int_a^\infty e^{-st}f(t-a)dt \quad (u=t-a \text{とおく})$$

$$= e^{-as}\int_0^\infty e^{-su}f(u)du = e^{-as}F(s)$$

$\therefore \quad \boxed{L[f(t-a)] = e^{-as}F(s) \quad (s>0)} \quad (6.2.2)$

[Ⅲ] $\quad L[e^{at}f(t)] = \int_0^\infty e^{-st}e^{at}f(t)dt$

$$= \int_0^\infty e^{-(s-a)t}f(t)dt = F(s-a) \quad (s>a)$$

$\therefore \quad \boxed{L[e^{at}f(t)] = F(s-a) \quad (s>a)} \quad (6.2.3)$

例 1 次の関数のラプラス変換を求めよ (α, ω は定数).

(1) $\sin\omega t$ (2) $\cos\omega t$ (3) $e^{\alpha t}t^n$ (n は正の整数)

(4) $e^{\alpha t}\sin\omega t$ (5) $e^{\alpha t}\cos\omega t$ (6) $f(t)=\begin{cases}1 & (\alpha \leq t \leq \beta)\\ 0 & (0<t<\alpha,\ \beta<t)\end{cases}$

(解答) 第1節,例5(93ページ)および公式(6.2.1)により

(1) $L[\sin\omega t]=\dfrac{1}{\omega}\dfrac{1}{\left(\dfrac{s}{\omega}\right)^2+1}=\dfrac{\omega}{s^2+\omega^2}$

(2) $L[\cos\omega t]=\dfrac{1}{\omega}\left(\dfrac{s}{\omega}\right)\dfrac{1}{\left(\dfrac{s}{\omega}\right)^2+1}=\dfrac{s}{s^2+\omega^2}$

第1節,例3(92ページ)および公式(6.2.3)により

(3) $L[e^{\alpha t}t^n]=\dfrac{n!}{(s-\alpha)^{n+1}}$

(1),(2)および公式(6.2.3)により

(4) $L[e^{\alpha t}\sin\omega t]=\dfrac{\omega}{(s-\alpha)^2+\omega^2}$

(5) $L[e^{\alpha t}\cos\omega t]=\dfrac{s-\alpha}{(s-\alpha)^2+\omega^2}$

(6) $g(t)=\begin{cases}1 & (0\leq t\leq \beta-\alpha)\\ 0 & (\beta-\alpha<t)\end{cases}$ とおくと,$f(t)=g(t-\alpha)$

また,第1節,問題[1],(30)(96ページ)により,$L[g(t)]=\dfrac{1}{s}\left(1-e^{-(\beta-\alpha)s}\right)$

したがって,公式(6.2.2)により

$L[f(t)]=e^{-\alpha s}\dfrac{1}{s}\left(1-e^{-(\beta-\alpha)s}\right)=\dfrac{1}{s}\left(e^{-\alpha s}-e^{-\beta s}\right)$

[IV] $f(t)$を第1節の定理1(94ページ)の条件を満たす関数とすると,$s>\alpha$に対して

$$\lim_{t\to\infty}\left|e^{-st}f(t)\right|=\lim_{t\to\infty}e^{-st}|f(t)|$$
$$\leq \lim_{t\to\infty}e^{-st}\cdot M\cdot e^{\alpha t}$$
$$=M\lim_{t\to\infty}e^{-(s-\alpha)t}=M\cdot 0=0 \qquad (s>\alpha)$$

また，$f(t)$ が $t>0$ で区分的に連続ならば，

$$\lim_{t \to +0} f(t) = f(+0) \quad (\text{有限確定})$$

したがって，$f(t)$, $f'(t)$ が $t>0$ で連続ならば，

$$L[f'(t)] = \int_0^\infty e^{-st} f'(t) dt = \left[e^{-st} f(t)\right]_0^\infty + s \int_0^\infty e^{-st} f(t) dt$$
$$= -f(+0) + sF(s)$$

$\therefore$ $\boxed{L[f'(t)] = sF(s) - f(+0)}$ \hfill (6.2.4)

$f(t)$, $f'(t)$, $f''(t)$ が $t>0$ で連続ならば，

$$L[f''(t)] = \int_0^\infty e^{-st} f''(t) dt = \left[e^{-st} f'(t)\right]_0^\infty + s \int_0^\infty e^{-st} f'(t) dt$$
$$= s\{sF(s) - f(+0)\} - f'(+0)$$

$\therefore$ $\boxed{L[f''(t)] = s^2 F(s) - f(+0)s - f'(+0)}$ \hfill (6.2.5)

同様にして，$f(t)$, $f'(t)$, $\cdots$, $f^{(n)}(t)$ が $t>0$ で連続ならば，

$$\boxed{L[f^{(n)}(t)] = s^n F(s) - s^{n-1} f(+0) - s^{n-2} f'(+0) - \cdots - f^{(n-1)}(+0)} \hfill (6.2.6)$$

[Ⅴ] $\displaystyle \frac{d}{ds} F(s) = \frac{d}{ds} \int_0^\infty e^{-st} f(t) dt = \int_0^\infty -t e^{-st} f(t) dt$

$\displaystyle = -\int_0^\infty e^{-st} (tf(t)) dt = -L[tf(t)]$

$\therefore$ $\boxed{L[tf(t)] = -\dfrac{d}{ds} F(s)}$ \hfill (6.2.7)

[Ⅵ] $\displaystyle \int_s^\infty F(u) du = \int_s^\infty \left\{\int_0^\infty e^{-ut} f(t) dt\right\} du \quad (\text{積分順序の変更})$

$\displaystyle = \int_0^\infty \left\{\int_s^\infty e^{-ut} f(t) du\right\} dt = \int_0^\infty \left[-\frac{1}{t} e^{-ut}\right]_s^\infty f(t) dt$

$$= \int_0^\infty \frac{1}{t} e^{-st} f(t) dt = \int_0^\infty e^{-st} \frac{f(t)}{t} dt$$

$$= L\left[\frac{f(t)}{t}\right]$$

∴ $\boxed{L\left[\frac{f(t)}{t}\right] = \int_s^\infty F(u) du}$ (6.2.8)

[Ⅶ] $L\left[\int_0^t f(u) du\right] = \int_0^\infty e^{-st} \int_0^t f(u) du\, dt$

$$= \left[-\frac{1}{s} e^{-st} \int_0^t f(u) du\right]_0^\infty + \frac{1}{s} \int_0^\infty e^{-st} f(t) dt$$

$$= \frac{1}{s} F(s)$$

∴ $\boxed{L\left[\int_0^t f(u) du\right] = \frac{1}{s} F(s)}$ (6.2.9)

例2 $L[t \sin \omega t]$, $L\left[\frac{1}{t} \sin \omega t\right]$ を求めよ.

(解答)

$$L[t \sin \omega t] = -\frac{d}{ds}\left[\frac{\omega}{s^2 + \omega^2}\right] = \frac{2\omega s}{(s^2 + \omega^2)^2} \quad (公式(6.2.7)により)$$

$$L\left[\frac{1}{t} \sin \omega t\right] = \int_s^\infty \frac{\omega}{u^2 + \omega^2} du$$

$$= \left[\tan^{-1} \frac{u}{\omega}\right]_s^\infty = \frac{\pi}{2} - \tan^{-1} \frac{s}{\omega} \quad (公式(6.2.8)により)$$

[Ⅷ] $t > 0$ で定義された2つの関数$f(t)$, $g(t)$に対して, 積分

$$\int_0^t f(u) g(t - u) du \tag{6.2.10}$$

($t > 0$で存在すれば)を$f(t)$と$g(t)$との**合成積**または**たたみこみ**といい, $f(t) * g(t)$と表す.

合成積について，次の式が成り立つ．

(a) $f*g = g*f$

(b) $(f_1 + f_2)*g = f_1*g + f_2*g$

次に合成積のラプラス変換を求める．

$$L[f(t)*g(t)] = \int_0^\infty e^{-st} \left\{ \int_0^t f(u)g(t-u)du \right\} dt$$

$$= \iint_D e^{-st} f(u)g(t-u)\,du\,dt \quad (=(\#))$$

ここで，変数変換 $x = u$, $y = t - u$ によって，$D = \{(u, t) : u > 0, t > u\}$ は $\{(x, y) : x > 0, y > 0\}$ に移り，ヤコビアン：$J = 1$ である．したがって，

$$(\#) = \int_0^\infty \int_0^\infty e^{-s(x+y)} f(x)g(y)\,dx\,dy$$

$$= \int_0^\infty e^{-sx} f(x)\,dx \int_0^\infty e^{-sy} g(y)\,dy$$

$$= L[f(t)]L[g(t)]$$

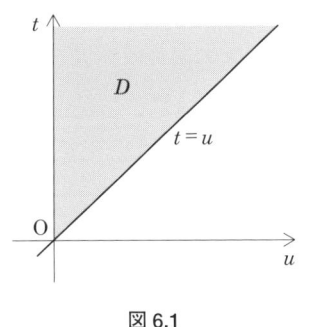

図 6.1

$$L[f(t)*g(t)] = L[f(t)] \cdot L[g(t)] \tag{6.2.11}$$

例3 $h_1(t) = t * \sin \omega t$, $h_2(t) = t * \cos \omega t$ を求めよ．

（解答）
$$h_1(t) = \int_0^t (t-u) \sin \omega u\,du = \frac{t}{\omega} - \frac{1}{\omega^2} \sin \omega t$$

$$h_2(t) = \int_0^t (t-u) \cos \omega u\,du = \frac{1}{\omega^2}(1 - \cos \omega t)$$

問題

[1] $F(s) = L[f(t)]$ とするとき，次の式を示せ.

(1) $L[t^n f(t)] = (-1)^n \dfrac{d^n}{ds^n} F(s)$

(2) $L\left[\displaystyle\int_0^t \left\{\int_0^{u_{n-1}} \cdots \int \left\{\int_0^{u_1} f(u)du\right\}du_1 \cdots\right\}du_{n-1}\right] = \dfrac{1}{s^n} F(s)$

(3) $L\left[\dfrac{f(t)}{t^n}\right] = \displaystyle\int_s^\infty \left\{\int_{v_{n-1}}^\infty \cdots \int_{v_2}^\infty \left\{\int_{v_1}^\infty F(v)dv\right\}dv_1 \cdots\right\}dv_{n-1}$

[2] 次の関数のラプラス変換を求めよ（α, β は定数）.

(1) $(t+1)^2$ (2) $(t+2)^3$ (3) $(2t-1)^3$

(4) $(4t-3)^2$ (5) te^{2t} (6) $(t+t^2)e^{3t}$

(7) $e^{2t}\sin t$ (8) $e^{3t}\cos 2t$ (9) $t^n e^{\alpha t}$

(10) $2te^{3t} - t^2 e^{-2t}$ (11) $t^3 \sin \alpha t$ (12) $t^2 \cos t$

(13) $t^3 \cos(\alpha t + \beta)$ (14) $t^{-1}\sin t$ (15) $t\cosh \alpha t$

(16) $t\sinh t$ (17) $e^{2t}\sin(\alpha t + \beta)$ (18) $e^{3t}\cos(\alpha t + \beta)$

[3] 次の合成積を計算せよ（α, β は定数）.

(1) $t * t^n$ (2) $t^m * t^n$ (3) $t * e^{\alpha t}$

(4) $t^2 * e^{3t}$ (5) $t * \sin 2t$ (6) $t * \cos 3t$

(7) $(1+2t)*(3+4t)$ (8) $e^{\alpha t} * e^{\beta t}$ (9) $e^{\alpha t} * \sin \beta t$

(10) $e^{\alpha t} * \cos \beta t$ (11) $(t+2t^2)*e^{3t}$ (12) $t * \sin \alpha t$

(13) $t * \cos \alpha t$ (14) $(\sin \alpha t)*(\sin \beta t)$ (15) $(\cos \alpha t)*(\cos \beta t)$

(16) $(\sin \alpha t)*(\cos \beta t)$

[4] 次の関数のラプラス変換を求めよ.

(1) $t^2 * t^3$ (2) $(1+t)*(3t-4t^2)$ (3) $\dfrac{1}{\sqrt{t}} * e^{-2t}$

(4) $(te^t)*t^2$ (5) $(\sin \alpha t)*e^{\beta t}$ (6) $t * \sin 2t$

(7) $\left(t^2 + 2t^3\right) * e^{-3t}$ (8) $e^{\alpha t} * \cos \beta t$ (9) $t^2 * \sin 3t$

(10) $\left(t - t^2\right) * \cos 3t$

3 ラプラス変換の例

[1] 階段関数

$$u_a(t) = \begin{cases} 0 & (t < a) \\ \dfrac{1}{2} & (t = a) \\ 1 & (t > a) \end{cases} \tag{6.3.1}$$

と定義し，これを**単位階段関数**（または**ヘビサイド（Heaviside）関数**）という．

$$u_{a,b}(t) = \begin{cases} 1 & (a < t < b) \\ \dfrac{1}{2} & (t = a, b) \\ 0 & (t < a, b < t) \end{cases}, \quad f_a(t) = \begin{cases} f(t-a) & (t > a) \\ \dfrac{1}{2} f(+0) & (t = a) \\ 0 & (0 < t < a) \end{cases}$$

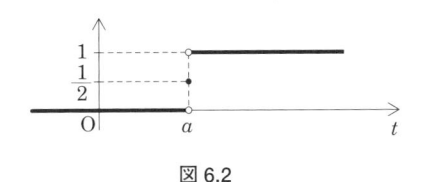

図 6.2

とおくと，これらは次のように定義される：

$$u_{a,b}(t) = \{u_a(t) - u_b(t)\}, \quad f_a(t) = f(t-a)u_a(t)$$

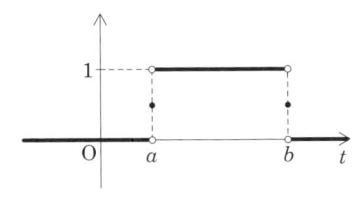

図 6.3 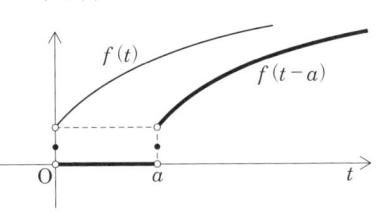   図 6.4

$u_a(t)$ のラプラス変換は

$$L[u_a(t)] = \int_0^\infty e^{-st} u_a(t)dt = \int_a^\infty e^{-st} \cdot 1 dt = \left[-\frac{1}{s}e^{-st}\right]_a^\infty = \frac{e^{-sa}}{s}$$

∴ $$L[u_a(t)] = \frac{e^{-sa}}{s} \qquad (6.3.2)$$

例1

(1) $L[u_{a,b}(t)] = L[u_a(t)] - L[u_b(t)] = \dfrac{1}{s}\left(e^{-sa} - e^{-sb}\right)$

(2) $L[f_a(t)] = \displaystyle\int_0^\infty e^{-st} f_a(t)dt = \int_a^\infty e^{-sa} e^{-s(t-a)} f(t-a)dt$

$\qquad = e^{-sa}\displaystyle\int_0^\infty e^{-st} f(t)dt = e^{-sa} L[f(t)]$

[2] $f(t)$ が周期関数（周期 $2l$）の場合

$\qquad f(t+2l) = f(t)$

$\qquad L[f(t)] = \displaystyle\int_0^\infty e^{-st}f(t)dt = \int_0^{2l} e^{-st}f(t)dt + \int_{2l}^{4l} e^{-st}f(t)dt + \cdots$

$\qquad\qquad = \displaystyle\sum_{n=0}^\infty \int_{2nl}^{2(n+1)l} e^{-st}f(t)dt \quad (= (*))$

ここで

$$\int_{2nl}^{2(n+1)l} e^{-st}f(t)dt = \int_0^{2l} e^{-s(2nl+u)} f(2nl+u)du$$

（$t = 2nl + u$ とおき，f は周期 $2l$ の関数だから）

$$= e^{-2sln}\int_0^{2l} e^{-su}f(u)du$$

したがって，$A = \displaystyle\int_0^{2l} e^{-su}f(u)du$ とおくと，

$$(*) = A\sum_{n=0}^\infty e^{-2sln} = \frac{A}{1-e^{-2sl}}$$

周期 $2l$ の関数 $f(t)$ に対して

$$L[f(t)] = \frac{A}{1-e^{-2sl}}, \quad A = \int_0^{2l} e^{-st} f(t)dt \qquad (6.3.3)$$

例2 周期関数

$$f(t) = \begin{cases} \dfrac{1}{a}t - 2n & (2na \leq t < (2n+1)a) \\ -\dfrac{1}{a}t + 2(n+1) & ((2n+1)a \leq t < 2(n+1)a) \end{cases} \quad (n = 0, 1, 2\cdots)$$

のラプラス変換を求めよ.

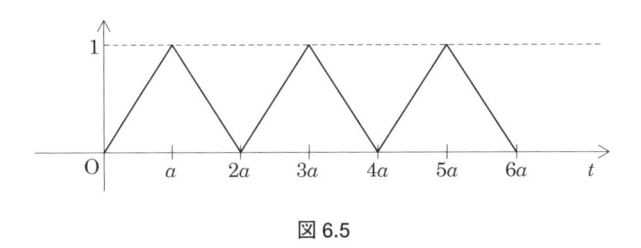

図 6.5

(解答)
$$A = \int_0^{2a} e^{-st} f(t)dt = \int_0^a e^{-st} \frac{1}{a} t\, dt + \int_a^{2a} e^{-st}\left(-\frac{1}{a}t + 2\right)dt$$

$$= \frac{1-e^{-sa}}{a} \int_0^a t e^{-st} dt + e^{-sa} \int_0^a e^{-st} dt = \frac{(1-e^{-sa})^2}{as^2}$$

$$\therefore \quad L[f(t)] = \frac{1}{1-e^{-2sa}} \cdot \frac{(1-e^{-sa})^2}{as^2} = \frac{1-e^{-sa}}{as^2(1+e^{-sa})}$$

[3] a と $\varepsilon > 0$ に対して

$$h_{a,\varepsilon}(t) = \begin{cases} \dfrac{1}{\varepsilon} & \left(a - \dfrac{\varepsilon}{2} \leq t \leq a + \dfrac{\varepsilon}{2}\right) \\ 0 & \left(t < a - \dfrac{\varepsilon}{2}, a + \dfrac{\varepsilon}{2} < t\right) \end{cases}$$

とおくと，
$$\int_{-\infty}^{\infty} h_{a,\varepsilon}(t)dt = 1$$
また，$(-\infty, \infty)$ で定義された連続関数 $f(t)$ に対して
$$\int_{-\infty}^{\infty} f(t)h_{a,\varepsilon}(t)dt \to f(a) \qquad (\varepsilon \to 0)$$
が成り立つ．そこで，極限関数 $\lim_{\varepsilon \to 0} h_{a,\varepsilon}(t)$ はとれない

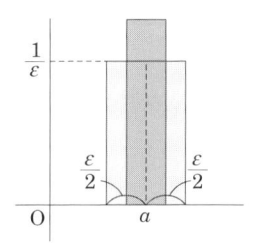

図 6.6

が，このようなもの，すなわち，次の性質 (a), (b), (c) をもつ関数 $\delta(t-a)$ を**デルタ関数**という：

(a) $\delta(t-a) = 0 \qquad (t \neq a)$

(b) $\int_{-\infty}^{\infty} \delta(t-a)dt = 1$

(c) $\int_{-\infty}^{\infty} f(t)\delta(t-a)dt = f(a) \qquad$ (f は $(-\infty, \infty)$ で定義された関数)

また，例 1 (104 ページ) により，$a > 0$ に対して

$$L[h_{a,\varepsilon}(t)] = \frac{1}{s\varepsilon}\left[e^{-s\left(a-\frac{\varepsilon}{2}\right)} - e^{-s\left(a+\frac{\varepsilon}{2}\right)}\right]$$

$$= e^{-sa}\frac{e^{\frac{s\varepsilon}{2}} - e^{-\frac{s\varepsilon}{2}}}{s\varepsilon}$$

$$= e^{-sa}\frac{1}{e^{\frac{s\varepsilon}{2}}}\frac{e^{s\varepsilon} - 1}{s\varepsilon} \to e^{-sa} \qquad (\varepsilon \to 0)$$

($h_{a,\varepsilon}(t) \to \delta(t-a)$ $(\varepsilon \to 0)$ と考えると)

$$\boxed{L[\delta(t-a)] = e^{-sa}, \qquad L[\delta(t)] = 1} \qquad (6.3.4)$$

が得られる．

問　題

〔1〕 周期 $2l$ の関数は次のように表されることを示せ．

$$f(t) = \sum_{n=1}^{\infty} f(t)(u_{2(n-1)l}(t) - u_{2nl}(t))$$

〔2〕 次の図に示されている関数のラプラス変換を求めよ．また，(1)～(6)を単位階段関数で表せ．

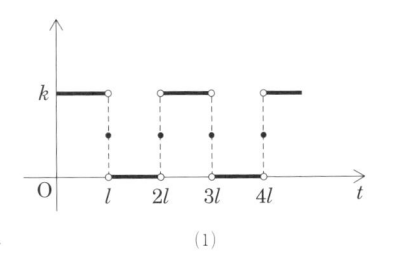

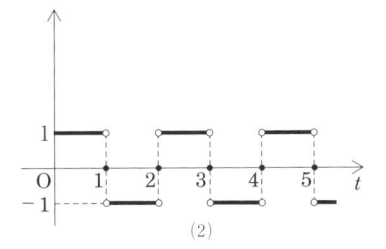

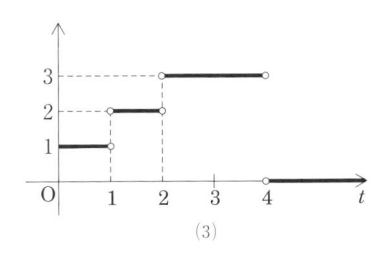

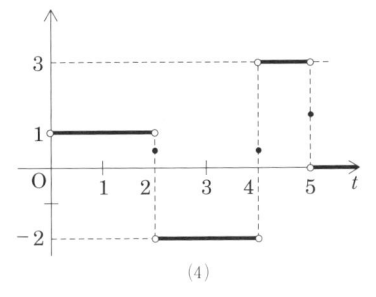

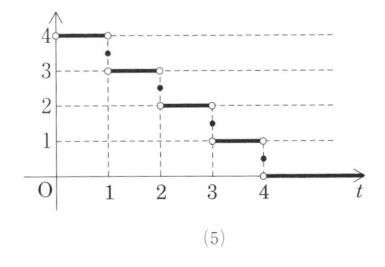

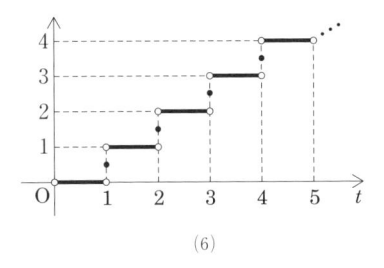

(7)　　　　　　　　　　　　　(8)

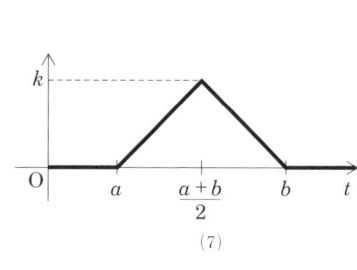

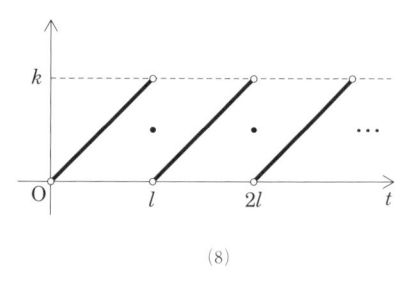

〔3〕 次の関数のラプラス変換を求めよ（[ ]はガウスの記号）．

(1) $f(t) = |\sin t|$

(2) $f(t) = \dfrac{1}{2}\{|\sin t| + \sin t\}$

(3) $f(t) = \dfrac{1}{2}\{|\cos t| + \cos t\}$

(4) $f(t) = e^t - e^{[t]}$

(5) $f(t) = t - 1 - 2\left[\dfrac{t}{2}\right]$

(6) $f(t) = (t - [t])^2$

4　ラプラス逆変換

第1節，定理2（95ページ）により，ラプラス変換 $F(s)$ に対して，その逆変換 $L^{-1}[F(s)] = f(t)$ はその不連続点を無視すれば一意に定まる．したがって，ラプラス変換の公式を逆に使えば，$F(s)$ からもとの関数 $f(t)$ を求めることができる．

第1～3節の公式および特定の関数の逆変換をまとめておく．

▶公式[Ⅰ]

1	$L^{-1}[F(as)] = \dfrac{1}{a}f\left(\dfrac{t}{a}\right)$	2	$L^{-1}[e^{-as}F(s)] = f(t-a)$
3	$L^{-1}[F(s-a)] = e^{at}f(t)$	4	$L^{-1}[F'(s)] = -tf(t)$
5	$L^{-1}\left[\displaystyle\int_s^\infty F(u)du\right] = \dfrac{f(t)}{t}$	6	$L^{-1}\left[\dfrac{F(s)}{s}\right] = \displaystyle\int_0^t f(\tau)d\tau$
7	$L^{-1}[F(s)G(s)] = f(t) * g(t)$　　（ここで $L[f(t)] = F(s),\ L[g(t)] = G(s)$）		

▶公式[Ⅱ]

	$F(s)$	$f(t) = L^{-1}[F(s)]$
1	$\dfrac{1}{s}$	1
2	$\dfrac{1}{s^2}$	t
3	$\dfrac{1}{s^n}$ $(n=1,2,\cdots)$	$\dfrac{t^{n-1}}{(n-1)!}$
4	$\dfrac{1}{\sqrt{s}}$	$\dfrac{1}{\sqrt{\pi t}}$
5	$s^{-\frac{3}{2}}$	$2\sqrt{\dfrac{t}{\pi}}$
6	s^{-a} $(a \geqq 0)$	$\dfrac{t^{a-1}}{\Gamma(a)}$
7	$\dfrac{1}{s-a}$	e^{at}
8	$\dfrac{1}{(s-a)^2}$	te^{at}
9	$\dfrac{1}{(s-a)^n}$ $(n=1,2,\cdots)$	$\dfrac{1}{(n-1)!}t^{n-1}e^{at}$
10	$\dfrac{1}{(s-a)^k}$ $(k>0)$	$\dfrac{1}{\Gamma(k)}t^{k-1}e^{at}$
11	$\dfrac{1}{(s-a)(s-b)}$ $(a \neq b)$	$\dfrac{1}{(a-b)}(e^{at}-e^{bt})$
12	$\dfrac{s}{(s-a)(s-b)}$ $(a \neq b)$	$\dfrac{1}{(a-b)}(ae^{at}-be^{bt})$
13	$\dfrac{1}{s^2+\omega^2}$	$\dfrac{1}{\omega}\sin\omega t$
14	$\dfrac{s}{s^2+\omega^2}$	$\cos\omega t$
15	$\dfrac{1}{s^2-a^2}$	$\dfrac{1}{a}\sinh at$
16	$\dfrac{s}{s^2-a^2}$	$\cosh at$
17	$\dfrac{1}{(s-a)^2+\omega^2}$	$\dfrac{1}{\omega}e^{at}\sin\omega t$
18	$\dfrac{s-a}{(s-a)^2+\omega^2}$	$e^{at}\cos\omega t$
19	$\dfrac{1}{s(s^2+\omega^2)}$	$\dfrac{1}{\omega^2}(1-\cos\omega t)$

20	$\dfrac{1}{s^2(s^2+\omega^2)}$	$\dfrac{1}{\omega^3}(\omega t - \sin\omega t)$
21	$\dfrac{1}{(s^2+\omega^2)^2}$	$\dfrac{1}{2\omega^3}(\sin\omega t - \omega t\cos\omega t)$
22	$\dfrac{s}{(s^2+\omega^2)^2}$	$\dfrac{t}{2\omega}\sin\omega t$
23	$\dfrac{s^2}{(s^2+\omega^2)^2}$	$\dfrac{1}{2\omega}(\sin\omega t + \omega t\cos\omega t)$
24	$\dfrac{s}{(s^2+a^2)(s^2+b^2)}\quad (a^2\neq b^2)$	$\dfrac{1}{b^2-a^2}(\cos at - \cos bt)$
25	$\dfrac{1}{s^4+4a^4}$	$\dfrac{1}{4a^3}(\sin at\cosh at - \cos at\sinh at)$
26	$\dfrac{s}{s^4+4a^4}$	$\dfrac{1}{2a^2}\sin at\sinh at$
27	$\dfrac{1}{s^4-a^4}$	$\dfrac{1}{2a^3}(\sinh at - \sin at)$
28	$\dfrac{s}{s^4-a^4}$	$\dfrac{1}{2a^2}(\cosh at - \cos at)$
29	$\sqrt{s-a}-\sqrt{s-b}$	$\dfrac{1}{2\sqrt{\pi t^3}}(b^{bt}-e^{at})$
30	$s(s-a)^{-\frac{3}{2}}$	$\dfrac{1}{\sqrt{\pi t}}e^{at}(1+2at)$
31	$\dfrac{1}{\sqrt{s}}e^{-\frac{k}{s}}$	$\dfrac{1}{\sqrt{\pi t}}\cos 2\sqrt{kt}$
32	$s^{-\frac{3}{2}}e^{\frac{k}{s}}$	$\dfrac{1}{\sqrt{\pi k}}\sinh 2\sqrt{kt}$
33	$\log\dfrac{s-a}{s-b}$	$\dfrac{1}{t}(e^{bt}-e^{at})$
34	$\log\dfrac{s^2+\omega^2}{s^2}$	$\dfrac{2}{t}(1-\cos\omega t)$
35	$\log\dfrac{s^2-a^2}{s^2}$	$\dfrac{2}{t}(1-\cosh at)$
36	$\arctan\dfrac{\omega}{s}$	$\dfrac{1}{t}\sin\omega t$

例1　次の逆変換を求めよ．

(1) $\dfrac{1}{s^2-a^2}$　　(2) $\dfrac{3}{(s-a)^2}$

(解答)

(1) $\dfrac{1}{s^2-a^2} = \dfrac{1}{2a}\left(\dfrac{1}{s-a} - \dfrac{1}{s+a}\right)$ より

$$L^{-1}\left[\dfrac{1}{s^2-a^2}\right] = \dfrac{1}{2a}\left\{L^{-1}\left[\dfrac{1}{s-a}\right] - L^{-1}\left[\dfrac{1}{s+a}\right]\right\}$$

$$= \dfrac{1}{2a}\{e^{at} - e^{-at}\} = \dfrac{1}{a}\sinh at$$

(2) 公式[Ⅱ] 9 より

$$L^{-1}\left[\dfrac{3}{(s-a)^2}\right] = 3te^{at}$$

例2　$L^{-1}\left[\log\dfrac{s-a}{s-b}\right]$ を求めよ．

(解答)　$F(s) = \log\dfrac{s-a}{s-b}$ とおくと，$F'(s) = \dfrac{1}{s-a} - \dfrac{1}{s-b}$

$$\therefore L^{-1}[F'(s)] = L^{-1}\left[\dfrac{1}{s-a}\right] - L^{-1}\left[\dfrac{1}{s-b}\right] = e^{at} - e^{bt}$$

ここで，$L^{-1}[F(s)] = f(t)$ とおくと，公式[Ⅰ] 4 により

$$-tf(t) = L^{-1}[F'(s)] = e^{at} - e^{bt}$$

$$\therefore L^{-1}\left[\log\dfrac{s-a}{s-b}\right] = f(t) = -\dfrac{e^{at} - e^{bt}}{t}$$

例3　第1節，例7(95ページ)を用いて，次の式を証明せよ．

$$L^{-1}\left[\dfrac{1}{\sqrt{s(s-a)}}\right] = \dfrac{1}{\sqrt{\pi}}e^{at}\int_0^t \dfrac{e^{-au}}{\sqrt{u}}du$$

(解答)　第1節，例7により

$$L^{-1}\left[\dfrac{1}{\sqrt{s}}\right] = \dfrac{1}{\sqrt{\pi t}}$$

この式と公式[Ⅰ]7，公式[Ⅱ]7から

$$\therefore \ L^{-1}\left[\frac{1}{\sqrt{s}}\cdot\frac{1}{(s-a)}\right]=\frac{1}{\sqrt{\pi t}}*e^{at}$$

$$=\frac{1}{\sqrt{\pi}}\int_0^t \frac{1}{\sqrt{u}}\cdot e^{a(t-u)}du$$

$$=\frac{e^{at}}{\sqrt{\pi}}\int_0^t \frac{e^{-au}}{\sqrt{u}}du$$

例4 $L^{-1}\left[\dfrac{1}{\left(s^2+\omega^2\right)^2}\right]$ を求めよ．

（解答） $L^{-1}\left[\dfrac{1}{s^2+\omega^2}\right]=\dfrac{1}{\omega}L^{-1}\left[\dfrac{\omega}{s^2+\omega^2}\right]=\dfrac{1}{\omega}\sin\omega t$

公式[Ⅰ]7により

$$L^{-1}\left[\frac{1}{\left(s^2+\omega^2\right)^2}\right]=\left(\frac{1}{\omega}\sin\omega t\right)*\left(\frac{1}{\omega}\sin\omega t\right)$$

$$=\frac{1}{\omega^2}\int_0^t \sin\omega u \sin\omega(t-u)du$$

$$=\frac{1}{2\omega^2}\int_0^t \{\cos(2\omega u-\omega t)-\cos\omega t\}du$$

$$=\frac{1}{2\omega^2}\left\{\frac{1}{\omega}\sin\omega t-t\cos\omega t\right\}$$

$$=\frac{1}{2\omega^3}\sin\omega t-\frac{t}{2\omega^2}\cos\omega t$$

問　題

[1] 次の逆変換を求めよ．

(1) $\dfrac{3}{s}$　　(2) $\dfrac{2}{s-1}$　　(3) $\dfrac{5}{s+2}$

(4) $\dfrac{s-4}{s^3}$　　(5) $\dfrac{2}{s^2}$　　(6) $\dfrac{8}{s^4}$

(7) $\dfrac{2}{s^2-2s+1}$　　(8) $\dfrac{2}{s^2-1}$　　(9) $\dfrac{3}{s^2+s-2}$

(10) $\dfrac{2s-1}{s^2-s-2}$　　(11) $\dfrac{1}{s^2-s-6}$　　(12) $\dfrac{1}{s^2-a^2}$ $(a \geqq 0)$

(13) $\dfrac{3(s-2)}{s^2-3s}$　　(14) $\dfrac{2}{s(s+2)}$　　(15) $\dfrac{2s^2+2s+1}{s^2(s+1)}$

(16) $\dfrac{s^2+3s+1}{s(s+1)^2}$　　(17) $\dfrac{5s+2}{s^2+1}$　　(18) $\dfrac{2-3s}{s^2+3}$

(19) $\dfrac{s-3}{4s^2+1}$　　(20) $\dfrac{1}{s^3-3s^2+3s-1}$　　(21) $\dfrac{2s+1}{s(s^2+1)}$

(22) $\dfrac{2s+3}{s^2(s^2+2)}$　　(23) $\dfrac{8}{s^4-16}$　　(24) $\dfrac{3}{(s-1)^2+4}$

(25) $\dfrac{s+1}{s^2-4s+6}$　　(26) $\dfrac{e^{-s}}{s-2}$　　(27) $\dfrac{e^{-2s}}{2s-1}$

(28) $\dfrac{e^{-3s}}{s^2}$　　(29) $\dfrac{1}{\sqrt{2s}}$　　(30) $\dfrac{\sqrt{\pi}}{\sqrt{s-a}}$ $(a \geqq 0)$

(31) $\dfrac{2}{\sqrt{s^3}}$　　(32) $\dfrac{3}{\sqrt{s^5}}$

[2] 次の逆変換を求めよ．

(1) $\dfrac{2s}{(s^2+1)^2}$　　(2) $\dfrac{s}{(s^2+4)^2}$　　(3) $\dfrac{s^2+2s+a^2}{(s^2+a^2)^2}$

(4) $\dfrac{4}{(s^2+4)^2}$　　(5) $\dfrac{1}{(s^2+1)^2}$　　(6) $\dfrac{2}{s^2(s^2+4)}$

(7) $\dfrac{s+2}{s(s^2+1)^2}$　　(8) $\dfrac{3}{(s^2+1)(s^2+4)}$　　(9) $\dfrac{2}{s(s^2+1)(s^2+2)}$

(10) $\dfrac{s+3}{s^2(s^2+1)^2}$ (11) $\log\dfrac{s-1}{s}$ (12) $\log\dfrac{s-2}{s+1}$

(13) $\log\dfrac{s^2-1}{s^2-4}$ (14) $\log\dfrac{1}{(s-1)(s+2)}$ (15) $\log\dfrac{(s-2)(s-3)}{(s+1)(s+4)}$

(16) $\log\dfrac{s^2}{(s-3)(s+5)}$

5 微分方程式の解法

独立変数 $t\,(t\geqq 0)$ の未知関数 y に関する常数係数線形微分方程式

$$y^{(n)}+a_1 y^{(n-1)}+a_2 y^{(n-2)}+\cdots+a_n y=b(t) \tag{6.5.1}$$

の解 $y=y(t)$ で初期条件:

$$y_0=y(0),\ y_0'=y'(0),\cdots,y_0^{(n-1)}=y^{(n-1)}(0) \tag{6.5.2}$$

を満たすものを求める．このためにラプラス変換を用いることができる．

(6.5.1) の両辺のラプラス変換をとると

$$L[y^{(n)}]+a_1 L[y^{(n-1)}]+\cdots+a_n L[y]=L[b(t)] \tag{6.5.3}$$

この式において，$F(s)=L[y]$ とおき，$t=0$ における初期条件 (6.5.2) を使うと，第2節，公式 (6.2.4), (6.2.5), (6.2.6) によって

$$L[y']=sF(s)-y_0$$
$$L[y'']=s^2 F(s)-y_0 s-y_0'$$
$$\cdots\cdots$$
$$L[y^{(n)}]=s^n F(s)-y_0 s^{n-1}-y_0' s^{n-2}-\cdots-y_0^{(n-1)}$$

これらの式を (6.5.3) に代入し，$F(s)$ を s の式で表し，この逆変換 $y=L^{-1}[F]$ を求めれば，この y が微分方程式 (6.5.1) の解である．すなわち，手順は次のようになる：

$$\boxed{\begin{array}{c}\text{微分方程式}\\ +\\ \text{初期条件}\end{array}}\Rightarrow\boxed{\text{ラプラス変換}}\Rightarrow\boxed{\begin{array}{c}F(s)\text{を}s\\ \text{で表す}\end{array}}\Rightarrow\boxed{\begin{array}{c}\text{逆変換 }y=L^{-1}[F]\\ \text{を求める}\end{array}}\Rightarrow\boxed{\text{解}}$$

例1 次の初期値問題を解け.

$y'' - 3y' + 2y = 4$; $y(0) = 2$, $y'(0) = 3$

(解答) $F(s) = L[y]$ とおくと,

$L[y'] = sF(s) - 2$, $L[y''] = s^2 F(s) - 2s - 3$

∴ $L[y'' - 3y' + 2y] = (s^2 - 3s + 2)F(s) - 2s + 3$, $L[4] = \dfrac{4}{s}$

$F(s) = \dfrac{1}{s^2 - 3s + 2}\left(\dfrac{4}{s} + 2s - 3\right) = \dfrac{2s^2 - 3s + 4}{s(s-1)(s-2)}$

$= \dfrac{2}{s} - \dfrac{3}{s-1} + \dfrac{3}{s-2}$

∴ $y = L^{-1}[F(s)] = 2 - 3e^t + 3e^{2t}$

例2 次の初期値問題を解け.

$(D^2 + 4)y = \sin 2t$, $y(0) = a$, $y'(0) = b$

(解答) $F(s) = L[y]$ とおくと,

$L[D^2 y + 4y] = s^2 F(s) - as - b + 4F(s) = (s^2 + 4)F(s) - (as + b)$

$L[\sin 2t] = \dfrac{2}{s^2 + 4}$

∴ $(s^2 + 4)F(s) - (as + b) = \dfrac{2}{s^2 + 4}$,

$F(s) = \dfrac{2}{(s^2 + 4)^2} + a\dfrac{s}{s^2 + 4} + \dfrac{b}{2}\dfrac{2}{s^2 + 4}$

第4節,例4(112ページ)によって

$y = L^{-1}[F(s)] = \dfrac{1}{8}(\sin 2t - 2t \cos 2t) + a \cos 2t + \dfrac{b}{2} \sin 2t$

例3 次の境界値問題を解け.

$(D^3 - D^2 + D - 1)y = t$;

$y(0) = 1$, $y\left(\dfrac{\pi}{2}\right) = e^{\frac{\pi}{2}} - \dfrac{\pi}{2}$, $y(\pi) = e^\pi - \pi - 2$

（解答） $F(s) = L[y]$, $y'(0) = a$, $y''(0) = b$ とおくと，

$$L[(D^3 - D^2 + D - 1)y]$$
$$= (s^3 - s^2 + s - 1)F(s) - \{s^2 + (a-1)s + (b-a+1)\}$$

$$L[t] = \frac{1}{s^2}$$

$$\therefore F(s) = \frac{1}{(s-1)(s^2+1)}\left\{\frac{1}{s^2} + s^2 + (a-1)s + (b-a+1)\right\}$$

$$= -\frac{1}{s} - \frac{1}{s^2} + \left(1 + \frac{1}{2}b\right)\frac{1}{s-1} + \left(1 - \frac{1}{2}b\right)\frac{s}{s^2+1} + \left(a - \frac{1}{2}b\right)\frac{1}{s^2+1}$$

$$y = L^{-1}[F(s)] = -1 - t + \left(1 + \frac{1}{2}b\right)e^t + \left(1 - \frac{1}{2}b\right)\cos t + \left(a - \frac{1}{2}b\right)\sin t$$

ここで，境界条件より

$$\left.\begin{array}{l} y\left(\dfrac{\pi}{2}\right) = -1 - \dfrac{\pi}{2} + \left(1 + \dfrac{1}{2}b\right)e^{\frac{\pi}{2}} + \left(a - \dfrac{1}{2}b\right) = e^{\frac{\pi}{2}} - \dfrac{\pi}{2} \\ y(\pi) = -1 - \pi + \left(1 + \dfrac{1}{2}b\right)e^{\pi} - \left(1 - \dfrac{1}{2}b\right) = e^{\pi} - \pi - 2 \end{array}\right\} \Rightarrow a = 1, \ b = 0$$

$$\therefore y = -1 - t + e^t + \cos t + \sin t$$

問 題

〔1〕 次の初期値問題を解け $\left(D = \dfrac{d}{dt}\right)$．

(1) $y'' - y' - 6y = 0$
   $[y(0) = 2, \ y'(0) = 1]$

(2) $y'' - y' - 2y = 0$
   $[y(0) = 2, \ y'(0) = 1]$

(3) $y'' - y = 0$
   $[y(0) = 4, \ y'(0) = 0]$

(4) $y''' - y = 0$
   $\left[y(0) = 3, \ y'(0) = \dfrac{3}{2}, \ y''(0) = \dfrac{3}{2}\right]$

(5) $y''' - y' = 0$
   $[y(0) = 2, \ y'(0) = 0, \ y''(0) = 2]$

(6) $y' - y = t$
   $[y(0) = 0]$

(7) $2y' - 3y = e^{4t}$
$\left[y(0) = \dfrac{6}{5}\right]$

(8) $y'' - y = 3t$
$[y(0) = 1, y'(0) = -4]$

(9) $y'' - 9y = 3e^t$
$\left[y(0) = \dfrac{5}{8},\ y'(0) = \dfrac{21}{8}\right]$

(10) $y'' - 5y' + 4y = \sin t$
$\left[y(0) = \dfrac{39}{34},\ y'(0) = \dfrac{37}{34}\right]$

(11) $y''' - 4y' = -8t - 5\cos t$
$[y(0) = 2,\ y'(0) = 3,\ y''(0) = 6]$

(12) $y'' - y = 2t + 3$
$[y(0) = -1,\ y'(0) = -2]$

(13) $y'' - 2y' + y = te^t$
$[y(0) = 1,\ y'(0) = 2]$

(14) $y''' - y' = t^3 + 2t + 1$
$[y(0) = 3,\ y'(0) = -1,\ y''(0) = -8]$

(15) $(D^2 - 2D + 4)y = e^t(t + 3)$
$\left[y(0) = 2,\ y'(0) = \dfrac{7}{3} + \sqrt{3}\right]$

(16) $(D^2 - 2D + 1)y = \sin\left(t + \dfrac{\pi}{3}\right)$
$\left[y(0) = 1 - \dfrac{\sqrt{2}}{4},\ y'(0) = -\dfrac{\sqrt{2}}{4}\right]$

(17) $(D^2 + 9)y = t\sin t$
$\left[y(0) = -\dfrac{1}{32},\ y'(0) = 3\right]$

(18) $(D^2 + 6D + 25)y = 11 - 13t + 25t^2$
$\left[y(0) = \dfrac{8}{5},\ y'(0) = -4\right]$

(19) $(D^3 - 2D^2 - D + 2)y = te^{2t}$
$\left[y(0) = 2,\ y'(0) = -\dfrac{4}{9},\ y''(0) = \dfrac{5}{9}\right]$

(20) $(D^3 - D^2 + D - 1)y = t - \cos t$
$\left[y(0) = 0,\ y'(0) = \dfrac{5}{4},\ y''(0) = \dfrac{3}{2}\right]$

〔2〕 次の境界値問題を解け $\left(D = \dfrac{d}{dt}\right)$.

(1) $y'' - 4y = 0$
$[y(0) = 2,\ y(1) = e^2 + e^{-2}]$

(2) $y'' - 2y = e^{2t}$
$\left[y(0) = \dfrac{3}{2},\ y(1) = e^{\sqrt{2}} + \dfrac{1}{2}e^2\right]$

(3) $y'' + 9y = 0$
$\left[y(0) = 1,\ y\left(\dfrac{1}{6}\pi\right) = 1\right]$

(4) $y'' + 4y = t^3 + 2t$
$\left[y(0) = 0,\ y(\pi) = \dfrac{1}{4}\pi^3 + \dfrac{1}{8}\pi\right]$

(5) $y'' - y = \cos 2t$
$\left[y(0) = -\dfrac{1}{5},\ y(\pi) = e^\pi - e^{-\pi} - \dfrac{1}{5}\right]$

(6) $y'' - 3y' = 2e^{3t}$
$\left[y(0) = 2, y(1) = 1 + \dfrac{5}{3}e^3\right]$

(7) $y'' - 5y' + 4y = \sin t + \cos t$
$$\left[y(0) = \frac{4}{17}, \ y\left(\frac{\pi}{2}\right) = -\frac{1}{17} \right]$$

(8) $y'' + 4y' + 5y = t + 3e^t$
$$\left[\begin{array}{l} y(0) = \dfrac{57}{50}, \\ y(\pi) = \dfrac{\pi}{5} + \dfrac{3}{10}e^\pi - \left(e^{-2\pi} + \dfrac{4}{25}\right) \end{array} \right]$$

(9) $y'' - 2y' + 2y = \cos t - \sin t$
$$\left[y(0) = \frac{4}{5}, \ y\left(\frac{\pi}{2}\right) = e^{\frac{\pi}{2}} - \frac{3}{5} \right]$$

(10) $(D^2 - 8D + 20)y = 5e^{3t}$
$$\left[y(0) = 1, \ y(\pi) = e^{3\pi} \right]$$

(11) $(D^3 - D^2 - D + 1)y = 0$
$$\left[\begin{array}{l} y(0) = 2, \ y'(0) = 1 \\ y(1) = 2e + e^{-1} \end{array} \right]$$

(12) $(D^3 - 1)y = 0$
$$\left[\begin{array}{l} y(0) = 1, \ y'(0) = 1 + \dfrac{\sqrt{3}}{2} \\ y\left(\dfrac{2}{\sqrt{3}}\pi\right) = e^{\frac{2}{\sqrt{3}}\pi} \end{array} \right]$$

(13) $(D^4 - D^2)y = a$ （a は定数）
$$\left[\begin{array}{l} y(0) = 4, \ y''(0) = 1 - a \\ y(0) = 0, \ y'''(1) = -e^{-1} \end{array} \right]$$

(14) $(D^4 - 1)y = t^2 - 2t$
$$\left[\begin{array}{l} y(0) = 1, \ y'(0) = 4 \\ y''(\pi) = e^\pi - 2, y'''(\pi) = e^\pi + 1 \end{array} \right]$$

(15) $(D^3 - 3D^2 + 2)y = e^{2t}$
$$\left[\begin{array}{l} y(0) = \dfrac{1}{2}, \ y'(0) = 0 \\ y(1) = e - \dfrac{1}{2}e^2 \end{array} \right]$$

(16) $(D^3 - 3D + 2)y = 2\cos t$
$$\left[\begin{array}{l} y(0) = \dfrac{16}{5}, \ y'(0) = \dfrac{18}{5} \\ y(\pi) = e^\pi - \pi e^\pi + 2e^{2\pi} - \dfrac{1}{5} \end{array} \right]$$

6 連立微分方程式の解法

　初期条件が与えられた定数係数連立微分方程式の解法にもラプラス変換が適用できる．これを例題によって示す．

　独立変数 t の未知関数を x, y とする．

例1　次の連立微分方程式を括弧内の条件の下で解け $\left(D = \dfrac{d}{dt}\right)$．

$$\begin{cases} Dx = 4x - 2y + 1 \\ Dy = 3x - y \end{cases}$$

$[x(0) = 1,\ y(0) = 2]$

(解答) $F(s) = L[x],\ G(s) = L[y]$ とおくと

$L[Dx] = sF(s) - 1,\ L[Dy] = sG(s) - 2$

$\therefore \begin{cases} sF(s) - 1 = 4F(s) - 2G(s) + \dfrac{1}{s} \\ sG(s) - 2 = 3F(s) - G(s) \end{cases}$

これは $F,\ G$ の連立方程式であるから，$F,\ G$ を求める

$\begin{cases} (s-4)F(s) + 2G(s) = 1 + \dfrac{1}{s} \\ -3F(s) + (s+1)G(s) = 2 \end{cases}$

$\therefore \begin{cases} F(s) = \dfrac{s-1}{s(s-2)} = \dfrac{1}{2}\dfrac{1}{s} + \dfrac{1}{2}\dfrac{1}{s-2} \\ G(s) = \dfrac{1}{2}\left\{\dfrac{1}{s} + \dfrac{3s-4}{s(s-2)}\right\} = \dfrac{1}{2}\left\{\dfrac{3}{s} + \dfrac{1}{s-2}\right\} \end{cases}$

解： $\begin{cases} x = \dfrac{1}{2} + \dfrac{1}{2}e^{2t} \\ y = \dfrac{3}{2} + \dfrac{1}{2}e^{2t} \end{cases}$

例2 次の連立微分方程式を括弧内の条件の下で解け $\left(D = \dfrac{d}{dt}\right)$．

$\begin{cases} (D^2 + D + 1)x + (D^2 + D)y = e^{2t} \\ (D+1)x + Dy = 1 \end{cases}$

$\left[x(0) = 1\ ;\ y(0) = \dfrac{1}{2},\ y'(0) = 0\right]$

(解答) $F(s) = L[x],\ G(s) = L[y]$ とおくと，

$L[Dx] = sF(s) - 1,\ L[D^2x] = s^2F(s) - s - a \quad (x'(0) = a\ \text{とおく})$

$L[Dy] = sG(s) - \dfrac{1}{2},\ L[D^2y] = s^2G(s) - \dfrac{1}{2}s$

$$\therefore \begin{cases} \left[\left(s^2 F(s) - s - a\right) + (sF(s) - 1) + F(s)\right] \\ \quad + \left[\left(s^2 G(s) - \dfrac{1}{2}s\right) + \left(sG(s) - \dfrac{1}{2}\right)\right] = \dfrac{1}{s-2} \\ \left[(sF(s) - 1) + F(s)\right] + \left[sG(s) - \dfrac{1}{2}\right] = \dfrac{1}{s} \end{cases}$$

これを整理し

$$\begin{cases} (s^2 + s + 1)F(s) + (s^2 + s)G(s) = \dfrac{1}{s-2} + \dfrac{3}{2}(s+1) + a \\ (s+1)F(s) + sG(s) = \dfrac{1}{s} + \dfrac{3}{2} \end{cases}$$

これより, F, G を求め

$$F(s) = \dfrac{1}{s}\left\{\left(\dfrac{1}{s} + \dfrac{3}{2}\right)(s+1) - \dfrac{1}{s-2} - \dfrac{3}{2}(s+1) - a\right\}$$

$$= -\dfrac{1}{2}\dfrac{1}{s-2} + \dfrac{1}{s^2} + \left(\dfrac{3}{2} - a\right)\dfrac{1}{s}$$

$$G(s) = \dfrac{1}{s}\left\{\dfrac{1}{s} + \dfrac{3}{2} - (s+1)F(s)\right\}$$

$$= \dfrac{3}{4}\dfrac{1}{s-2} - \dfrac{1}{s^3} + \left(a - \dfrac{3}{2}\right)\dfrac{1}{s^2} + \left(a - \dfrac{1}{4}\right)\cdot\dfrac{1}{s}$$

$$\therefore \begin{cases} x = -\dfrac{1}{2}e^{2t} + t + \left(\dfrac{3}{2} - a\right) \\ y = \dfrac{3}{4}e^{2t} - \dfrac{1}{2}t^2 + \left(a - \dfrac{3}{2}\right)t + \left(a - \dfrac{1}{4}\right) \end{cases}$$

ここで, 初期条件: $t = 0$ のとき, $x = 1$ より

$$-\dfrac{1}{2}e^0 - \left(a - \dfrac{3}{2}\right) = 1 \quad \therefore \quad a = 0$$

したがって,

解: $\begin{cases} x = -\dfrac{1}{2}e^{2t} + t + \dfrac{3}{2} \\ y = \dfrac{3}{4}e^{2t} - \dfrac{t^2}{2} - \dfrac{3}{2}t - \dfrac{1}{4} \end{cases}$

例3 次の連立微分方程式を括弧内の条件の下で解け $\left(D = \dfrac{d}{dt}\right)$.

$$\begin{cases} Dx + Dy + 2Dz + x + 5y + 5z = 15e^t \\ 2Dx + Dy + 3Dz + x + 2y + z = 10e^t \\ Dx + 3Dy + 4Dz + 3x + 4y + 6z = 21e^t \end{cases}$$

$[x(0) = 1,\ y(0) = 1,\ z(0) = 1]$

(解答) $F(s) = L[x],\ G(s) = L[y],\ H(s) = L[z]$ とおくと,

$$\begin{cases} sF(s) - 1 + sG(s) - 1 + 2sH(s) - 2 + F(s) + 5G(s) + 5H(s) = \dfrac{15}{s-1} \\ 2sF(s) - 2 + sG(s) - 1 + 3sH(s) - 3 + F(s) + 2G(s) + H(s) = \dfrac{10}{s-1} \\ sF(s) - 1 + 3sG(s) - 3 + 4sH(s) - 4 + 3F(s) + 4G(s) + 6H(s) = \dfrac{21}{s-1} \end{cases}$$

$\therefore \begin{cases} (s+1)F(s) + (s+5)G(s) + (2s+5)H(s) = \dfrac{15}{s-1} + 4 = \dfrac{4s+11}{s-1} \\ (2s+1)F(s) + (s+2)G(s) + (3s+1)H(s) = \dfrac{10}{s-1} + 6 = \dfrac{6s+4}{s-1} \\ (s+3)F(s) + (3s+4)G(s) + (4s+6)H(s) = \dfrac{21}{s-1} + 8 = \dfrac{8s+13}{s-1} \end{cases}$

これをクラーメルの公式によって解くと

$$A = \begin{vmatrix} (s+1) & (s+5) & (2s+5) \\ (2s+1) & (s+2) & (3s+1) \\ (s+3) & (3s+4) & (4s+6) \end{vmatrix} = -17$$

$$A_1 = \dfrac{1}{s-1}\begin{vmatrix} (4s+11) & (s+5) & (2s+5) \\ (6s+4) & (s+2) & (3s+1) \\ (8s+13) & (3s+4) & (4s+6) \end{vmatrix} = \dfrac{-17}{s-1}$$

$$A_2 = \dfrac{1}{s-1}\begin{vmatrix} (s+1) & (4s+11) & (2s+5) \\ (2s+1) & (6s+4) & (3s+1) \\ (s+3) & (8s+13) & (4s+6) \end{vmatrix} = \dfrac{-17}{s-1}$$

$$A_3 = \frac{1}{s-1}\begin{vmatrix}(s+1) & (s+5) & (4s+11)\\(2s+1) & (s+2) & (6s+4)\\(s+3) & (3s+4) & (8s+13)\end{vmatrix} = \frac{-17}{s-1}$$

$$F(s) = \frac{A_1}{A} = \frac{1}{s-1},\ G(s) = \frac{A_2}{A} = \frac{1}{s-1},\ H(s) = \frac{A_3}{A} = \frac{1}{s-1}$$

解： $x = e^t,\ y = e^t,\ z = e^t$

問 題

〔1〕 次の連立微分方程式を括弧内の条件の下で解け $\left(D = \dfrac{d}{dt}\right)$．

(1) $\begin{cases} Dx = 2y - t \\ Dy = x + 1 \end{cases}$
$\left[x(0) = \dfrac{3}{2},\ y(0) = 0\right]$

(2) $\begin{cases} Dx = 3x - y \\ Dy = x + y \end{cases}$
$[x(0) = 1,\ y(0) = 0]$

(3) $\begin{cases} Dx = y \\ Dy = -x - 2y \end{cases}$
$[x(0) = 0,\ y(0) = -1]$

(4) $\begin{cases} (D+2)x - 2y = 1 \\ x + (D+5)y = 2 \end{cases}$
$\left[x(0) = \dfrac{7}{4},\ y(0) = -\dfrac{3}{4}\right]$

(5) $\begin{cases} (D+1)x + (D+1)y = t \\ (D+3)x + (2D+4)y = t^2 \end{cases}$
$[x(0) = -8,\ y(0) = 8]$

(6) $\begin{cases} (D-4)x - y = 2e^{3t} \\ 2x + (D-1)y = -3e^{3t} \end{cases}$
$[x(0) = 1,\ y(0) = -3]$

(7) $\begin{cases} Dx + (D+2)y = t \\ (D+1)x + Dy = 2t \end{cases}$
$\left[x(0) = -\dfrac{1}{2},\ y(0) = -\dfrac{1}{4}\right]$

(8) $\begin{cases} (D+2)x + (D+1)y = 0 \\ 5x + (D+3)y = 0 \end{cases}$
$[x(0) = 1,\ y(0) = -2]$

(9) $\begin{cases} (D+1)x + (2D-1)y = 2t+1 \\ (2D+1)x + (D-1)y = 2t-1 \end{cases}$
$[x(0) = 1,\ y(0) = 1]$

(10) $\begin{cases} (D-2)x - 2(D+1)y = 3e^t \\ (3D+2)x + (D+1)y = 4e^{2t} \end{cases}$
$\left[x(0) = \dfrac{5}{22},\ y(0) = -\dfrac{5}{6}\right]$

(11) $\begin{cases} (D^2+3)x - 2Dy = 0 \\ 2Dx + (D^2+3)y = 0 \end{cases}$
$\left[\begin{array}{l}x(0) = 2,\ x'(0) = 4,\\ y(0) = 0,\ y'(0) = -2\end{array}\right]$

(12) $\begin{cases}(D^2+4)x-3Dy=1\\3Dx+(D^2+4)y=t\end{cases}$

$\begin{bmatrix}x(0)=\dfrac{39}{16},\ x'(0)=5,\\y(0)=0,\ y'(0)=-\dfrac{11}{4}\end{bmatrix}$

(13) $\begin{cases}(D^2+D+1)x+(D^2+D)y=e^{2t}\\(D+1)x+Dy=1\end{cases}$

$\left[x(0)=\dfrac{1}{2},\ y(0)=\dfrac{3}{4}\right]$

(14) $\begin{cases}(D+1)x+2y=2t\\(D^2+D)x+Dy=0\end{cases}$

$[x(0)=1,\ x'(0)=-3,\ y(0)=1]$

(15) $\begin{cases}(D^2+1)x+y=e^t\\D^4x+(D^2-1)y=1\end{cases}$

$[x(0)=1,\ x'(0)=0,\ y(0)=1]$

(16) $\begin{cases}(D+1)x+y+2z=1\\x+(D+2)y+z=e^{-t}+2\\5x+y+(D-2)z=5e^{-t}+1\end{cases}$

$[x(0)=14,\ y(0)=3,\ z(0)=-27]$

(17) $\begin{cases}(D+10)x-y-7z=0\\-9x-(D-4)y+5z=0\\17x+y-(D-12)z=0\end{cases}$

$[x(0)=4,\ y(0)=3,\ z(0)=6]$

〔2〕 次の連立微分方程式を括弧内の条件の下で解け $\left(D=\dfrac{d}{dt}\right)$.

(1) $\begin{cases}Dx=x-y\\Dy=-4x+y\end{cases}$

$[x(0)=3,\ y(1)=2e^{-1}]$

(2) $\begin{cases}Dx=x+y\\Dy=-x+3y\end{cases}$

$[x(1)=2e^2,\ y(0)=2]$

(3) $\begin{cases}(D-1)x-2y=0\\3x-(D-2)y=0\end{cases}$

$[x(0)=2,\ y(1)=2(e^{-1}-e^3)]$

(4) $\begin{cases}(D-2)x-3y=2e^{2t}\\x-(D-4)y=-3e^{2t}\end{cases}$

$\left[x(0)=\dfrac{7}{3},\ y(1)=e^5-\left(e+\dfrac{2}{3}e^2\right)\right]$

(5) $\begin{cases}Dx-y=te^t\\x+(D-2)y=(t+1)e^t\end{cases}$

$[x(0)=1,\ x(1)=3e,\ y(0)=2]$

(6) $\begin{cases}Dx+2y=\cos t\\x-Dy=\sin t\end{cases}$

$\left[x(0)=1,\ y\!\left(\dfrac{\pi}{\sqrt{2}}\right)=0\right]$

(7) $\begin{cases} Dx = y + z \\ Dy = z + x \\ Dz = x + y \end{cases}$

$\left[x(0) = 2,\ y(0) = 2,\ z(1) = e^2 - \dfrac{2}{e} \right]$

(8) $\begin{cases} (D-2)x + y - z = 0 \\ 4x - (7D-8)y - 6z = 0 \\ 3x - y - (7D-6)z = 0 \end{cases}$

$\left[x(1) = -3e^2,\ y(3) = -e^6,\ z(0) = 3 \right]$

(9) $\begin{cases} (D-6)x + 4y - 2z = 0 \\ 4x + (D-10)y + 6z = 0 \\ -2x + 6y + (D-11)z = 0 \end{cases}$

$\left[\begin{array}{l} x(0) = 0,\ y(1) = 2e^3 + e^6 \\ z(3) = e^9 + 2e^{18} \end{array} \right]$

(10) $\begin{cases} (D^2 + 2)x + y = 0 \\ 2x + (D^2 + 3)y = 0 \end{cases}$

$\left[\begin{array}{l} x(0) = 2,\ x'(\pi) = 1 \\ y(0) = 1,\ y'(\pi) = 5 \end{array} \right]$

第7章 応用問題

微分方程式の応用は広いが，本章ではそれを力学および電気回路のいくつかの例にとどめる．

1 力　学

[1] 放物運動(速度，加速度)

水平方向をx軸，鉛直方向をy軸にとる．原点からxy平面内で，初速v_0，仰角αで質点(質量m)を投げたとき，運動方程式は

$$m\frac{d^2x}{dt^2} = 0,$$
$$m\frac{d^2y}{dt^2} = -mg \qquad (g = 980 \text{[cm/sec}^2\text{]：重力加速度}) \tag{7.1.1}$$

(tは時間)．したがって，速度および位置は

$$\frac{dx}{dt} = v_0 \cos\alpha, \quad \frac{dy}{dt} = v_0 \sin\alpha - gt \tag{7.1.2}$$

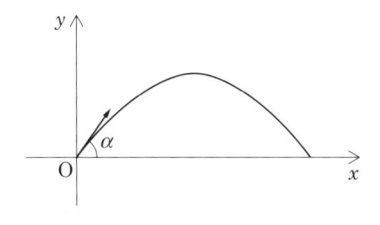

$$x = v_0 t\cos\alpha, \quad y = v_0 t\sin\alpha - \frac{1}{2}gt^2 \tag{7.1.3}$$

図 7.1

例 1 原点から初速 v_0 で質点を投げ，前方の標的 $P(x_0, y_0)$ に当てたい．標的 P がどの範囲にあれば当たるか．

(解答) 投げる仰角を α とする．点 P は軌道上にあるから (7.1.3) より

$$y_0 = x_0 \tan\alpha - \frac{g}{2v_0^2} x_0^2 \sec^2\alpha$$

$$= x_0 \tan\alpha - \frac{g}{2v_0^2} x_0^2 (1 + \tan^2\alpha)$$

これは $\tan\alpha$ の 2 次式であるから

$$\tan\alpha = \frac{1}{x_0}\left\{\frac{v_0^2}{g} \pm \sqrt{\frac{v_0^4}{g^2} - 2\frac{v_0}{g}y_0 - x_0^2}\right\}$$

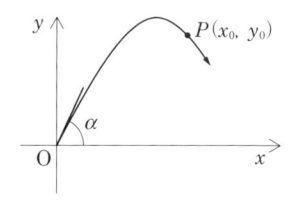

図 7.2

ここで，質点が P に当たることより，上式の根号内は負にならないから

$$y_0 \leq -\frac{g}{2v_0}x_0^2 + \frac{v_0^3}{2g}$$

したがって，標的 P は放物線 $y = -\frac{g}{2v_0}x^2 + \frac{v_0}{2g}$ 上または下の部分にあればよい．

例 2 1 つの鉛直平面内で，初速 v_0 で，いろいろな仰角で投げ上げられた質点の軌道の最高点はある楕円の周上にあることを示せ．

(解答) 鉛直平面を xy 平面にとり，この平面内で原点から質点を投げ上げるものとし，その仰角を α とすると，最高点に達する時刻 t_0 は，(7.1.2) 式より

$$\frac{dy}{dt} = v_0 \sin\alpha - gt_0 = 0$$

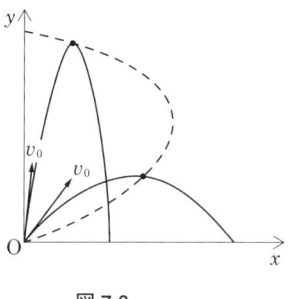

図 7.3

$$\therefore \quad t_0 = \frac{v_0}{g}\sin\alpha$$

このとき x の値は

$$X = v_0 t_0 \cos\alpha = \frac{v_0^2}{g}\sin\alpha\cos\alpha = \frac{v_0^2}{2g}\sin 2\alpha$$

また, y の値は

$$\begin{aligned} Y &= v_0 t_0 \sin\alpha - \frac{1}{2}g t_0^2 \\ &= \frac{v_0^2}{g}\sin^2\alpha - \frac{1}{2}\cdot\frac{v_0^2}{g}\sin^2\alpha = \frac{v_0^2}{2g}\sin^2\alpha \\ &= \frac{v_0^2}{4g}(1-\cos 2\alpha) \end{aligned}$$

これらより

$$\sin 2\alpha = \frac{2g}{v_0^2}X, \quad \cos 2\alpha = 1 - \frac{4g}{v_0^2}Y$$

$$\therefore \quad \frac{4g^2}{v_0^4}X^2 + \left(1 - \frac{4g}{v_0^2}Y\right)^2 = 1$$

したがって, 点 (X, Y) は楕円となる.

[2] 振 動

長さ l の糸(重さは無視できる)の一端を天井の1点Oに固定し, 他端Pに質量 m の質点Pをつけた振り子を考える. いま, 角変位 θ は小さいとすると, 質点Pに加わる力は張力 F と重力 mg で, Pは半径 l の円周上を動く. Pの接続方向の速度を v とすると, $v = l\dfrac{d\theta}{dt}$ (t は時刻). また, 接線方向の運動方程式は

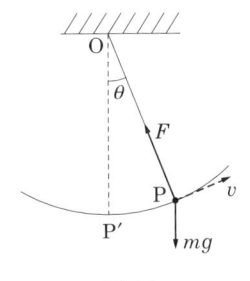

$$m\frac{dv}{dt} = -mg\sin\theta \tag{7.1.4}$$

図 7.4

θ が小さいときは $\sin\theta \fallingdotseq \theta$ だから，この式は次式のようになる

$$l\frac{d^2\theta}{dt^2}+g\theta=0 \qquad (7.1.5)$$

これは，l，$g>0$ であるから

$$\theta = C_1\cos\alpha t + C_2\sin\alpha t \qquad \left(\alpha = \sqrt{\frac{g}{l}}\right)$$

なる解をもつ．

例3 （強制振動） 図7.5のようなバネに結びつけられた質量 m の質点に作用する力が，平衡からのずれ x に比例して上向きの力 $-kx$（下向きを $+$ にとる）と時刻 t の関数である強制力 $F(t)$ との2つであるとき，この質点の運動方程式は，運動の第2法則により

$$m\frac{d^2x}{dt^2} = -kx + F(t)$$

$$\therefore \quad m\frac{d^2x}{dt^2} + kx = F(t)$$

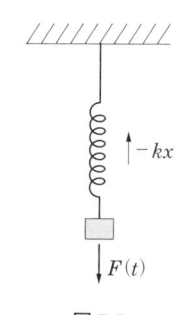

図 7.5

例4 （減衰振動） 図7.6のようなバネに結びつけられた質量 m の質点が x 軸上で運動する場合，平衡からのずれに比例する力 $-kx$ と速度に比例した抵抗 $-\lambda v = -\lambda\dfrac{dx}{dt}$ が作用するとき，この運動方程式は

$$m\frac{d^2x}{dt^2} = -kx - \lambda\frac{dx}{dt} \qquad \therefore \quad m\frac{d^2x}{dt^2} + \lambda\frac{dx}{dt} + kx = 0 \qquad (7.1.6)$$

で与えられる．ここで，$\lambda^2 - 4mk < 0$ ならば，この特性方程式

$$m\tau^2 + \lambda\tau + k = 0$$

は虚根 $\alpha \pm \beta i$ ($\alpha = -\dfrac{\lambda}{2m}$, $\beta = \dfrac{\sqrt{4mk-\lambda^2}}{2m}$) をもつ．

したがって，(7.1.6) は解

$$x = e^{\alpha t}(C_1 \cos \beta t + C_2 \sin \beta t)$$

をもつ(このとき，x は**振動的**であるという).

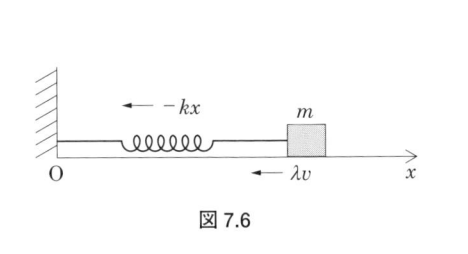

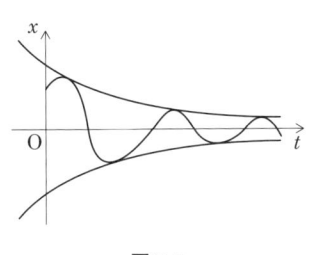

図 7.6

図 7.7

例5　図 7.8 のような質量 m_1, m_2 の質点 P_1, P_2 が3つのバネで結ばれ，なめらかな平面上にのっており，両端を2つの壁 A, B(間隔が L)に固定されている．このとき，3つのバネの自然の長さを l_1, l_2, l_3 とし，バネ定数を，k_1, k_2, k_3 とし，A から質点 P_1, P_2 までの距離を y_1, y_2 とすると，この運動方程式は連立微分方程式

$$\begin{cases} m_1 \dfrac{d^2 y_1}{dt^2} = -k_1(y_1 - l_1) + k_2(y_2 - y_1 - l_2) \\ m_2 \dfrac{d^2 y_2}{dt^2} = -k_2(y_2 - y_1 - l_2) + k_3(L - y_2 - l_3) \end{cases}$$

で与えられる．

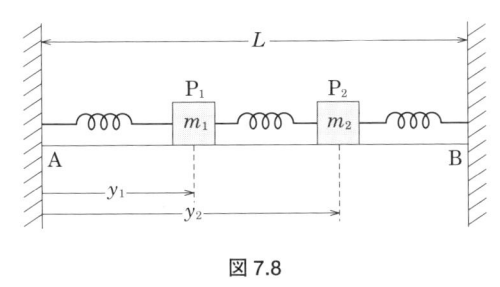

図 7.8

[3] 流体の問題

図 7.9 のような水の入った水槽があり，側面の下部に小さな穴があいており，

そこから水が流出している．このとき，穴から流出する水の速さvは大きいとしても上の水面の下がる速さは小さい（無視してよい）．したがって，水面付近の水の運動エネルギーは0としてよい．また，水面付近の量mの水の位置エネルギーはmgh（hは穴から水面までの高さ，$g = 980$〔cm/sec^2〕（重力の加速度））で，この量の水が穴から流出したとし，その速さをvとすると，その運動エネルギーは$\frac{1}{2}mv^2$．したがって，エネルギー保存の法則により

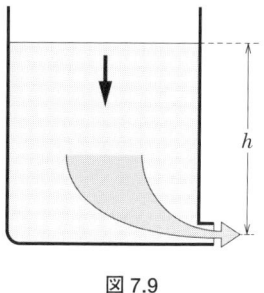

$$\frac{1}{2}mv^2 = mgh \tag{7.1.7}$$

$$\therefore \quad v = \sqrt{2gh} \tag{7.1.8}$$

（(7.1.8)を**トリチェリー**（Torricelli）**の定理**という．）

いま，穴の面積をsとし，上の水面の面積をSとすると，dt秒間に穴から流出する量は$svdt$．また，dt秒間に水面の下がった高さをdhとすると，この水量はSdh．これは穴から流出した量であるから，次の微分方程式が得られる

$$Sdh = svdt = -s\sqrt{2gh}\,dt \tag{7.1.9}$$

ここで，Sが一定ならば

$$\frac{dh}{\sqrt{h}} = -\frac{s\sqrt{2g}}{S}dt \quad \therefore \quad 2\sqrt{h} = -\frac{s\sqrt{2g}}{S}t + 2C$$

$$\therefore \quad h = \left(-\frac{s\sqrt{2g}}{2S}t + C\right)^2 \tag{7.1.10}$$

例6 半径1.5〔m〕，高さ2〔m〕の円筒の水槽があり，この水槽に水を満たしたところ底面に半径1〔cm〕の穴があいていることがわかった．このとき，水面の高さが1〔m〕になったとき穴から流出する水の速さv，および，水が全部流出する時間tを求めよ．

（解答） 高さ $h = 1$〔m〕のときの穴から流出する水の速さは

$$v = \sqrt{2 \times 980 \times 100} = 442.72 \text{〔cm/sec〕}$$

水槽は半径 1.5〔m〕の円筒形であるから

$$S = \pi \left(\frac{300}{2}\right)^2 = \frac{9\pi}{4} 10^4, \quad s = \pi \cdot 1^2 = \pi$$

また，$t = 0$ のとき，$h = 200$〔cm〕だから，$(7.1.10)$ において

$$C = \sqrt{200} \quad \therefore h = \left(-\frac{s\sqrt{2g}}{2S}t + \sqrt{200}\right)^2$$

したがって，$h = 0$ となるときの時刻 t は

$$t = \frac{2SC}{s\sqrt{2g}} = 14\,374.723 \text{〔sec〕}$$

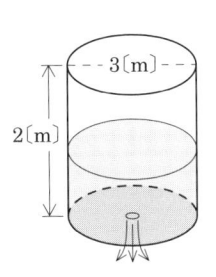

図 7.10

例7 水の満たされた高さ h の容器が地面に置かれている．いま，容器の側面に地上から y のところに小さな穴をあけ，水を水平方向に噴出させる．このとき，水の地上に到達する距離が最大となる穴の高さ y およびその到達距離を求めよ．

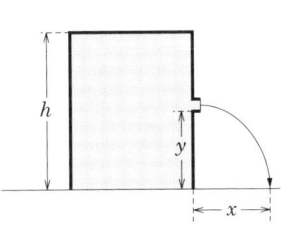

図 7.11

（解答） $(7.1.8)$ によって，高さ y のときの水の噴出速度 v は

$$v = \sqrt{2g(h-y)}$$

ここで，水の運動は物体の落下運動と考え，落下時間を t，水平到達距離を x とすると

$$y = \frac{1}{2}gt^2, \quad \therefore \quad t = \sqrt{\frac{2y}{g}}$$

したがって，水平距離 x は

$$x = vt = 2\sqrt{y(h-y)}$$

これより，$y = \dfrac{h}{2}$ のとき x が最大となり，このとき $x = h$.

すなわち，$y = \dfrac{h}{2}$（容器の中点）に穴をあければ，到達距離は h となる．

[4] 川を横断する問題

例8 一様な速さ v で流れている川の両岸（川幅 L）に相対して2点O，Aがある．静水に対して一定の速さ v（川の流速と同じ）の小舟がA点を出発し，常に船首を対岸の点Oに向けて進行するとき，小舟の経路の式を求めよ．

(解答) Oを原点とし，OAを基線とする小舟Pの極座標を (r, θ) とする．いま，川の流速のベクトル $\boldsymbol{a}$，小舟の速度ベクトルを $\boldsymbol{b}$ とすると，$|\boldsymbol{a}| = |\boldsymbol{b}| = v$. また，$\boldsymbol{V} = \boldsymbol{a} + \boldsymbol{b}$ とおき，$\boldsymbol{V}$ を $\overrightarrow{OP}$ 方向および θ の増す方向に分けると

$$\frac{dr}{dt} = v\sin\theta - v, \quad r\frac{d\theta}{dt} = v\cos\theta$$

図 7.12

これより，次の微分方程式が得られる

$$\frac{1}{r}\frac{dr}{d\theta} = -\frac{1-\sin\theta}{\cos\theta} = -\frac{1-\sin^2\theta}{\cos\theta(1+\sin\theta)}$$

$$= \frac{\cos\theta}{1+\sin\theta}$$

これを解き，

$$\log r = -\log(1+\sin\theta) + \log C \quad \therefore \quad r = \frac{C}{1+\sin\theta}$$

ここで，初期条件：$\theta = 0$ のとき，$r = L$（川幅）より，小舟の経路は

$$r = \frac{L}{1+\sin\theta} \quad \text{（放物線）}$$

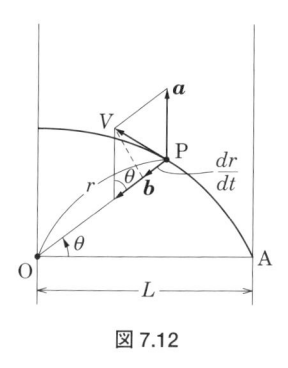

例9 幅Lの川がある．その流速は両岸で0，川の中央でaとなる放物線分布をなしている．静水に対する速さuの小舟が，一方の岸Oから流れに対して45°の方向で上流に船首を向けて川を横断している．小舟の経路の式を求めよ．また，$L=50$，$a=5$，$u=5$のときの小舟の経路の式を求め，そのグラフを描け．

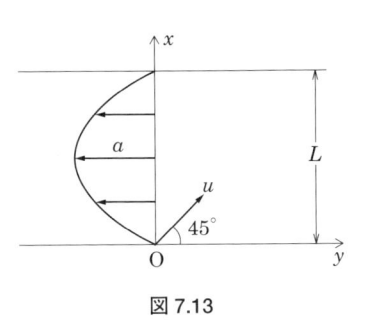

図7.13

(**解答**) 図7.13のようにx軸，y軸をとる．このとき，流速分布$\varphi(x)$は両岸で0, 中央でaである放物線をなしているから，$\varphi(x) = \dfrac{4a}{L^2}(x^2 - Lx)$.
小舟の静水に対する速度のx成分u_x, y成分u_yは

$$u_x = u\cos 45° = \frac{1}{\sqrt{2}}u, \qquad u_y = u\sin 45° = \frac{1}{\sqrt{2}}u$$

したがって，小舟の真の速度のx成分$\dfrac{dx}{dt}$, y成分$\dfrac{dy}{dt}$は

$$\frac{dx}{dt} = \frac{1}{\sqrt{2}}u, \qquad \frac{dy}{dt} = \frac{u}{\sqrt{2}} + \frac{4a}{L^2}x(x-L)$$

これより，次の微分方程式が得られる

$$\frac{dy}{dx} = \frac{\dfrac{u}{\sqrt{2}} + \dfrac{4a}{L^2}x(x-L)}{\dfrac{u}{\sqrt{2}}} = 1 + \frac{4\sqrt{2}a}{uL^2}(x^2 - Lx)$$

この微分方程式を「初期条件：$x=0$のとき$y=0$」より

$$y = x - \frac{2\sqrt{2}a}{Lu}x^2 + \frac{4\sqrt{2}a}{3uL^2}x^3$$

いま，$L=50$〔m〕, $a=5$〔m/sec〕, $u=5$〔m/sec〕とすると

$$y = x - \frac{\sqrt{2}}{25}x^2 + \frac{\sqrt{2}}{1875}x^3$$

図 7.14

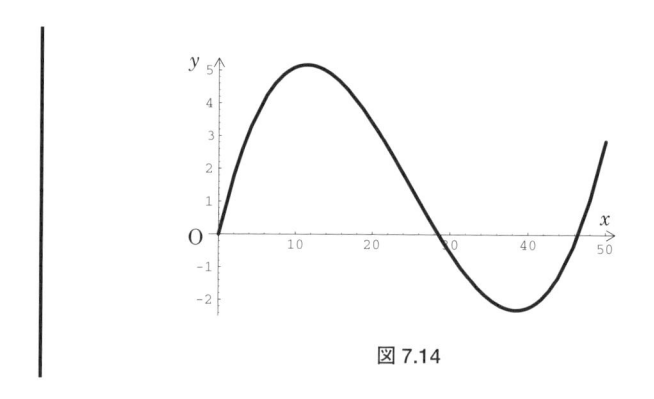

[5] ハリ(梁)の変形

図 7.15(a)のような水平におかれた一端を固定し，他の部分は拘束を受けないハリを**片持ハリ**といい，(b)のような両端で支えられているが固定されていないハリを**支持ハリ**という．これらのハリに鉛直荷重がかかると，変形し，曲線になる．このハリの左端を原点Oにとり(ハリの中心線をx軸にとる)，これより右向きに測った長さをxとし，その垂直変位(これを**たわみ**という)をyとすると(下向きを正の向きとする)，たわみの方程式は

$$\frac{d^2y}{dx^2} = \frac{M}{EI} \tag{7.1.11}$$

で与えられ，右辺の式はxの関数である．ここで，Mは**曲げモーメント**，Eは材料の**ヤング率**または**弾性係数**，Iはハリの横断面の**断面2次モーメント**という．また，EIはハリの**たわみの剛性率**と呼ばれ，ハリが等質で断面が同形ならば，EIは一定である．

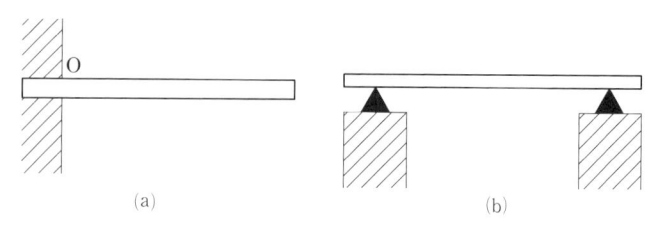

図 7.15

例10 長さ L の断面同形な片持ハリを左端 O で固定し, 自由端 A に集中荷重 W を作用したとき, ハリの変形を求めよ.

(解答) O より距離 x の点に働く曲げモーメントは

$$M = W(L-x)$$

ここで, ハリは断面同形であるから EI は一定である. したがって, (7.1.10) によって,

$$\frac{d^2y}{dx^2} = \frac{W}{EI}(L-x) \quad \therefore \quad y = \frac{W}{EI}\left\{\frac{1}{6}(L-x)^3 + C_1 x + C_2\right\}$$

ここで, 支持条件 (初期条件):「点 O で, たわみは 0 で, たわみ角も 0 である」から,

$$C_1 = -\frac{L^2}{2}, \quad C_2 = -\frac{L^3}{6}$$

$$\therefore \quad y = \frac{W}{6EI}\left\{(L-x)^3 - 3L^2 x - L^3\right\}$$

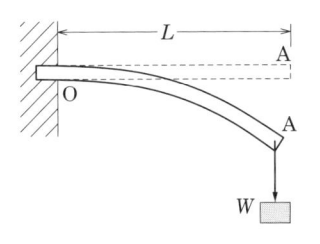

図 7.16

(たわみの表す曲線を**たわみ曲線**といい, たわみ曲線の接線と x 軸とのなす角を**たわみ角**という.)

(注) ハリの断面が厚さ a, 幅 b の長方形の場合には $I = \dfrac{a^3 b}{12}$, 断面が半径 r の円の場合には $I = \dfrac{\pi r^4}{4}$ となる.

例 11 均質な物質で，断面が同形な長さ L の支持ハリがある．2支点 O，A 間の1点 B(OB間の距離 a)に集中荷重 W を作用するとき，ハリの変形を求めよ．

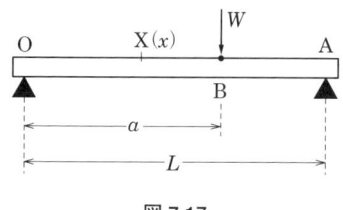

図 7.17

(解答) O を原点にとり，O より長さが x の点を X，$b = L - a$ とおくと，点 X における曲げモーメント M は

① $x < a$ のとき，$M = \dfrac{b}{L}Wx$， ② $x > a$ のとき，$M = \dfrac{a}{L}W(L-x)$

したがって，(7.1.10) より

① $\dfrac{d^2y}{dx^2} = \dfrac{b}{L}\dfrac{W}{EI}x \qquad \therefore\ y = \dfrac{bW}{LEI}\left(\dfrac{x^3}{6} + C_1 x + C_2\right)$

② $\dfrac{d^2y}{dx^2} = \dfrac{aW}{LEI}(L-x) \qquad \therefore\ y = \dfrac{W}{LEI}\left\{\dfrac{a}{6}(L-x)^3 + C_3(L-x) + C_4\right\}$

ここで A，B でのたわみは 0 であるから，$C_2 = C_4 = 0$．また，ハリは点 B で連続であるから，①，②において，$x = a$ とすると

$\dfrac{a^3 b}{2} + C_1 = \dfrac{ab^2}{2} + C_3,\quad \dfrac{a^3 b}{6} + aC_1 = \dfrac{ab^3}{6} + bC_3$

$\therefore\ C_1 = -\dfrac{ab}{6}(a+2b),\quad C_3 = -\dfrac{ab}{6}(2a+b)$

したがって，

$x < a$ のとき，$y = \dfrac{bW}{6LEI}x\{a(a+2b) - x^2\}$

$x > a$ のとき，$y = \dfrac{aW}{6LEI}(L-x)\{b(2a+b) - (L-x)^2\}$

問 題

〔1〕 1点Oからa〔m〕離れた所に高さb〔m〕の壁がある．Oから球を投げてこの壁を越えさせるには，少なくともどれだけ以上の初速が必要か．

〔2〕 ある台の上から等質の2個のボールを初速v_0で仰角αおよびβで投げたところ地上の同じ点に落ちた．この台の高さを求めよ．

〔3〕 質量mのおもりをつけてつるしてある軽いバネがある．さらに，質量mのおもりをつけたところ，lだけ伸びた．これを上下振動させたときの式を求めよ．

〔4〕 1点Oよりlだけ離れた点に壁が立っている．初速v_0で投げられたボールが壁に垂直に当たるための投げるときの仰角θを求めよ．

〔5〕 質量mの質点の両側にバネ係数kの2つの同じ軽いバネが一直線上に結ばれ，なめらかな水平板上に置かれて，両端が壁に固定されている．この質点をその直線上で少しずらして振動させるときの周期Lを求めよ．

〔6〕 底面の一辺の長さが1.5〔m〕の正方形で高さが3〔m〕の水槽に水が満たされている．いま，底面に断面積2〔cm^2〕の穴をあけて水を流出させた．このとき次の時間を求めよ．
 (1) 水位が1〔m〕になるまでの時間
 (2) 水が全部流出するまでの時間

〔7〕 水の入った容器がある．いま，この容器の底面に断面積aの小さな穴をあけ水を流出させるとき，上の水面の下がる速さが一定kとなるようにしたい．このとき，水面の面積Sを底面からの高さxで表せ．

〔8〕 幅Lの川があり，その流速は両岸で0で中央に進むにつれ一様に増し，中央で最大値aとなる．いま，川岸の1点Oから一定の速さ$v(>a)$で対岸に渡ろうとしている小舟がある．小舟が横断できるためにはどの方向に進めばよいか．

〔9〕 長さ2〔m〕，断面が1辺10〔cm〕の正方形の片持ハリがある．片持ハリの自由端に200〔kg〕のおもりをつけたとき，どれだけ下がるか．ただし，ヤング率は10^5〔kg-wt/cm^2〕とする．

〔10〕 長さ4〔m〕，幅30〔cm〕，厚さ3〔cm〕の板の両端を支台にのせ，中央に60〔kg〕のおもりをのせた．このとき，中央の点はどれだけ下がるか．ただし，ヤング率は1.4×10^{11}〔dyne/cm^2〕とする(ここで，1〔g-wt〕= 980〔dyne〕)．

2 電気回路

　電気回路は抵抗R，インダクタンスLおよびコンデンサCと起電力とから構成されている．ここで，電流Iはアンペア〔A〕，抵抗Rはオーム〔Ω〕，電圧はボルト〔V〕，インダクタンスLはヘンリー〔H〕，コンデンサCはファラッド〔F〕で測られる．回路が定常状態であるとは，回路に存在する電流あるいは電圧降下が直流または交流の定常値となることである．定常状態にある回路の起電力または回路に現れる量が変化すると定常状態はくずれ，各部の電流，電圧が変化し，この回路は他の定常状態に移る．これら2つの定常状態間の変化は瞬時に起こるのではなく，ある時間が必要で，この間に起こる電流，電圧，電荷などの変化を**過渡現象**という．このときの回路方程式は微分方程式で表され，これを解くことによって，過渡現象を解明することができる．

　過渡現象解明の基本法則は，次の**キルヒホッフの法則**である．

> **第1法則**：回路網内の任意の1点に流入する電流I_k(流入は+，流出は−)の総和は0である($\sum_k I_k = 0$)．
>
> **第2法則**：回路網内の任意の閉路をとれば，起電力E_kの総和と抵抗の電圧降下V_kの総和とは等しい($\sum_k V_k = \sum_k E_k$)．

　また，抵抗，インダクタンスおよびコンデンサにおける起電力と電圧降下は次の関係式(a)，(b)，(c)によって結ばれている：

(a) 抵抗Rに電流Iが流れると，電圧降下RIが生ずる．したがって，起電力E_Rと抵抗Rとの回路では

$$RI = E_R$$

が成り立つ．この関係式はEおよびRが変化しても常に成り立つが，抵抗だけの回路では過渡現象は起こらない．

図 7.18

(b) 自己インダクタンスLに流れる電流Iが変化するとき，Lによる電圧降下E_Lは

$$E_L = L\frac{dI}{dt}$$

によって与えられる（$\frac{dI}{dt}$は電流Iの時間tに対する変化率）．

図 7.19

また，相互インダクタンスMは，1つの回路の電流の変化が，他の回路に電圧降下E_2を生じる割合を示すもので

$$E_2 = M\frac{dI_1}{dt}$$

で与えられる．このときL_1に生ずる電圧降下E_1は

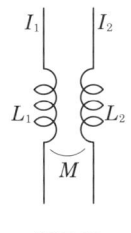

$$E_1 = L_1\frac{dI_1}{dt} + M\frac{dI_2}{dt}$$

で与えられる．

図 7.20

(c) コンデンサCに電流Iが流れて，電荷がqに達したとすると，Cに現れる電圧降下E_Cは

$$E_C = \frac{q}{C} = \frac{1}{C}\int I dt$$

となる（$I = \frac{dq}{dt}$）．

過渡時には，エネルギー分布の変動があり，電流$I = I(t)$に応じて(a)，(b)，(c)の起電力と逆向きの電圧降下が生じ，

図 7.21

回路状態はこれらの組合せによってできる回路方程式(微分方程式)によって表される.

したがって,過渡現象の解法は次の手順で行えばよい.

(I) R, L, Cには,それぞれRI, $L\dfrac{dI}{dt}$, $\dfrac{1}{C}\int I(t)dt$なる電圧降下が生ずる.

(II) (I)の量を用い,キルヒホッフの法則によって,起電力の総和と,電圧降下の総和とは等しいと置き,回路方程式(微分方程式)をたてる.

(III) (II)で得られた微分方程式を解く.ここで,初期条件については,LあるいはCを含む回路を開閉するとき,「Lに鎖交する磁束あるいはCの電荷は連続でなければならない」という物理的要求によって,初期値が与えられる.

ここにいくつかの回路の回路方程式をあげておく.

(1) RL回路

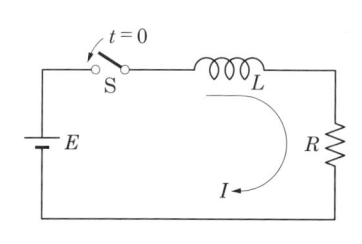

(2) RC回路

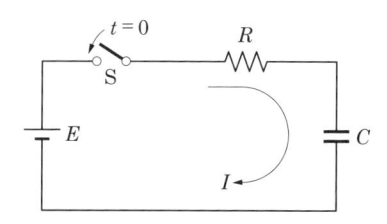

$$L\dfrac{dI}{dt} + RI = E$$

$$RI + \dfrac{1}{C}\int I\,dt = E$$

$$\left(R\dfrac{dq}{dt} + \dfrac{1}{C}q = E\right)$$

(3) LC 回路   (4) LRC 回路

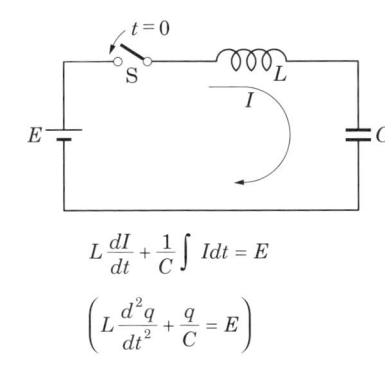

$$L\frac{dI}{dt} + \frac{1}{C}\int I dt = E$$

$$\left(L\frac{d^2q}{dt^2} + \frac{q}{C} = E\right)$$

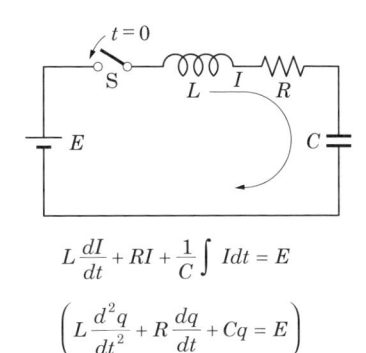

$$L\frac{dI}{dt} + RI + \frac{1}{C}\int I dt = E$$

$$\left(L\frac{d^2q}{dt^2} + R\frac{dq}{dt} + Cq = E\right)$$

(5)

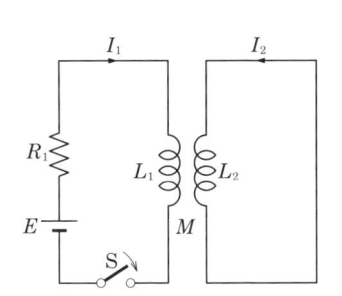

一次回路で $\quad E - L_1\dfrac{dI_1}{dt} - M\dfrac{dI_2}{dt} = R_1 I_1$

二次回路で $\quad -L_2\dfrac{dI_2}{dt} - M\dfrac{dI_1}{dt} = 0$

例 1 前頁(2) RC 回路において, $R = 1\,[\mathrm{k}\Omega]$, $C = 0.47\,[\mu\mathrm{F}]$, $E = 12\,[\mathrm{V}]$ とする.いま,スイッチ S を閉じた後 C の両端の電圧 $v_C(t)$ が $6\,[\mathrm{V}]$ になった.この時間を求めよ.また,スイッチを閉じた CR 秒後の $v_C(t)$ は最初の値の何%になるか.

(解答) C の電荷 $q = q(t)$ の満たす式は(2)の回路方程式により

$$R\frac{dq}{dt} + \frac{1}{C}q = E$$

この一般解は

$$q(t) = CE + Ae^{-\frac{1}{CR}t} \quad (A は任意定数)$$

初期条件：「$t=0$ のとき，$q(t)=0$」より，$A=-CE$

$$q(t) = CE\left(1 - e^{-\frac{1}{CR}t}\right)$$

したがって，コンデンサ C の両端の電圧 $v_C(t)$ は

$$E_C(t) = \frac{q(t)}{C} = E\left(1 - e^{-\frac{1}{CR}t}\right)$$

$$\therefore \quad t = -CR\log\left(\frac{E_C}{E}\right)$$

これに，与えられた数値を代入して，求める時間 $t=0.141$〔秒〕．また，RC 秒後の E_C は $E_C = E(1-e^{-1}) = (0.632\cdots)E$

$\therefore \quad 63.2\%$

(注) 補助単位について，次の記号が用いられる：

$$M = 10^6, \quad k = 10^3, \quad m = 10^{-3}$$
$$\mu = 10^{-6}, \quad n = 10^{-9}, \quad p = 10^{-12}$$

例えば，0.47〔μF〕$= 0.47 \times 10^{-6}$〔ファラッド〕

例2 前頁(4)の LRC 回路において，$t=0$ のとき，スイッチSを閉じた．回路を流れる電流が振動的になるための条件を求めよ．また，$R=25$〔Ω〕，$E=12$〔V〕，$C=1$〔μF〕，$L=0.1$〔H〕のとき，電流 $I(t)$ は振動的になることを確め，コンピュータを用いてそのグラフを描け．

(解答) 前頁(4)により，LRC の回路方程式は

$$L\frac{dI}{dt} + RI + \frac{1}{C}\int I\,dt = E \quad \cdots\cdots ①$$

$$L\frac{d^2q}{dt^2} + R\frac{dq}{dt} + \frac{1}{C}q = E \quad \cdots\cdots ②$$

ここで(2)の余関数の特性方程式は

$$L\lambda^2 + R\lambda + \frac{1}{C} = 0 \quad \cdots\cdots ③$$

回路方程式②の解 $q(t)$ が振動的であれば①の解 $I(t)$ も振動的である．ここで，特性方程式③が2つの複素根 $\alpha \pm \beta i$ をもつことが，$q(t)$ が振動的になる条件である．したがって，求める条件は

$$R^2 - \frac{4L}{C} < 0$$

また，与えられた数値に対して

$$R^2 - \frac{4L}{C} = (25)^2 - 4\frac{0.1}{10^{-6}} = 625 - 400000 < 0$$

よって，このとき，$I(t)$ は振動的であり，

$$I(t) = 3.8 \times 10^{-3} e^{-125t} \sin(632t)$$

例3 図7.22の回路において，スイッチSを閉じた後，R_2 に流れる電流と L に流れる電流が等しくなるまでの時間を求めよ．

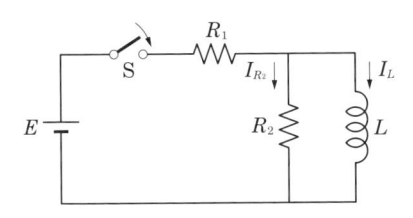

図 7.22

（解答）　R_2 を流れる電流を I_{R_2}，L を流れる電流を I_L とすると，回路方程式は次の連立微分方程式で与えられる．

$$\begin{cases} L\dfrac{dI_L}{dt} = R_2 I_{R_2} & \cdots\cdots ① \\ R_1(I_{R_2} + I_L) + I_{R_2} R_2 = E & \cdots\cdots ② \end{cases}$$

①，②より，次の1階線形微分方程式が得られる：

$$L\frac{dI_L}{dt} + \frac{R_1 R_2}{(R_1 + R_2)} I_L = \frac{R_2}{(R_1 + R_2)} E \quad \cdots\cdots ③$$

初期条件：「$t = 0$ のとき，$I_L = 0$」より，③の解は

$$I_L = \frac{E}{R_1}\left(1 - e^{-\frac{R_1 R_2}{L(R_1+R_2)}t}\right) \quad \cdots\cdots ④$$

④を①に代入し

$$I_{R_2} = \frac{E}{R_1 + R_2} e^{-\frac{R_1 R_2}{L(R_1+R_2)}t} \quad \cdots\cdots ⑤$$

$I_L = I_{R_2}$ となる時間を τ とすると

$$\frac{E}{R_1}\left(1 - e^{-\frac{R_1 R_2}{L(R_1+R_2)}\tau}\right) = \frac{E}{R_1 + R_2} e^{-\frac{R_1 R_2}{L(R_1+R_2)}\tau}$$

$$\therefore \quad \tau = \frac{L(R_1 + R_2)}{R_1 R_2} \log\left(\frac{2R_1 + R_2}{R_1 + R_2}\right)$$

例4 図7.23の回路において，$t = 0$ でスイッチSを閉じた．この回路を流れる電流 I_1, I_2 を求めよ．

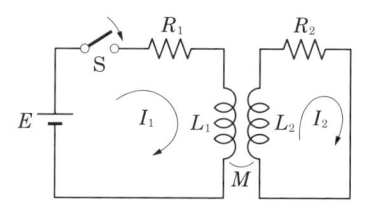

図 7.23

(解答) 例2の①，②およびキルヒホッフの法則によって，回路方程式は次の連立微分方程式で与えられる．

$$\begin{cases} L_1 \dfrac{dI_1}{dt} + R_1 I_1 + M \dfrac{dI_2}{dt} = E & \cdots\cdots ① \\ L_2 \dfrac{dI_2}{dt} + R_2 I_2 + M \dfrac{dI_1}{dt} = 0 & \cdots\cdots ② \end{cases}$$

ここで，$D = \dfrac{d}{dt}$ とおくと，この式は次のようになる．

$$\begin{cases} (L_1 D + R_1)I_1 + MDI_2 = E \\ MDI_1 + (L_2 D + R_2)I_2 = 0 \end{cases}$$

$$\therefore \quad \{(L_1 D + R_1)(L_2 D + R_2) - M^2 D^2\} I_1 = E \qquad \cdots\cdots ③$$

$$\{(L_1 L_2 - M^2) D^2 + (R_1 L_2 + R_2 L_1) D + R_1 R_2\} I_1 = E$$

この方程式の余関数の特性方程式は

$$(L_1 L_2 - M^2) \lambda^2 + (R_1 L_2 + R_2 L_1) \lambda + R_1 R_2 = 0$$

となるが，物理的条件から，$L_1 L_2 - M^2 \geqq 0$．したがって，この特性方程式は実根をもち，微分方程式③の解は振動的でない．いま，

$$\alpha = \frac{L_1 R_2 + L_2 R_1}{2(L_1 L_2 - M^2)}, \quad \beta = \frac{\sqrt{(R_1 L_2 + R_2 L_1)^2 - 4(L_1 L_2 - M^2) R_1 R_2}}{2(L_1 L_2 - M^2)}$$

(βの右辺の根号内は正である)とおくと，$t \to \infty$ のとき $I_1(t) \to \dfrac{E}{R_1}$，$I_2(t) \to 0$ となるから，解 I_1，I_2 は

$$\begin{cases} I_1(t) = \dfrac{E}{R_1} + A_1 e^{-(\alpha+\beta)t} + B_1 e^{-(\alpha-\beta)t} \\ I_2(t) = A_2 e^{-(\alpha+\beta)t} + B_2 e^{-(\alpha-\beta)t} \end{cases} \quad (A_1, B_1, A_2, B_2 \text{は任意定数})$$

ここで，初期条件：「$t = 0$ のとき，$I_1(t) = 0$，$I_2(t) = 0$」より，A_1，B_1，A_2，B_2 は次のように与えられる：

$$A_1 = \frac{-(L_1 R_2 - L_2 R_1) - 2\beta(L_1 L_2 - M^2)}{2 R_2 \beta (L_1 L_2 - M^2)} E$$

$$B_1 = \frac{(L_1 R_2 - L_2 R_1) - 2\beta(L_1 L_2 - M^2)}{2 R_2 \beta (L_1 L_2 - M^2)} E$$

$$A_2 = \frac{-M}{2\beta(L_1 L_2 - M^2)}, \quad B_2 = \frac{M}{2\beta(L_1 L_2 - M^2)}$$

問　題

〔1〕 140ページ(1)の RL 回路において，R を流れる電流 $I(t)$ を求めよ．

〔2〕 RL 回路において，$E = 12$ 〔V〕とする．$t = 0$ でスイッチ S を閉じたときの電流が 1 〔mA〕で，電流 $I(t)$ が初期値の 50％ になる時間が 10^{-3} 秒であった．このとき，C と R とを求めよ．

〔3〕 140ページ(2)の RC 回路において，$E = 10$ 〔V〕，$R = 100$ 〔kΩ〕，$C = 47$ 〔μF〕のとき，回路を流れる電流 $I(t)$ を求めよ．ただし，$t = 0$ のとき C の電荷は 0 である．

〔4〕 図 7.24 の回路において，$E = 12$ 〔V〕，$L = 1.5$ 〔mH〕，$R_2 = 22$ 〔kΩ〕とする．$t = 0$ でスイッチ S を開いた．次の問に答えよ．

(1) インダクタンス L を流れる電流 I_L の最大値が 10 〔mA〕になるとき，R_1 の値を求めよ．

(2) 抵抗 R_2 で消費するエネルギー W を求めよ．

図 7.24

〔5〕 図 7.25 の回路において，$L = 2$ 〔mH〕，$C = 10$ 〔μF〕，$R = 10$ 〔Ω〕，$E = 10$ 〔V〕とする．$t = 0$ でスイッチ S を閉じたときの電流 $I(t)$ をラプラス変換を用いて求めよ．

〔6〕 図 7.25 の回路において，$L = 2$ 〔mH〕，$C = 10$ 〔μF〕，$R = 1$ 〔kΩ〕，$E = 10$ 〔V〕とするとき，$t = 0$ でスイッチ S を閉じた．このとき，コンデンサ C の両端の電圧 $v_C(t)$ を求め，コンピュータを用いてそのグラフを描け．

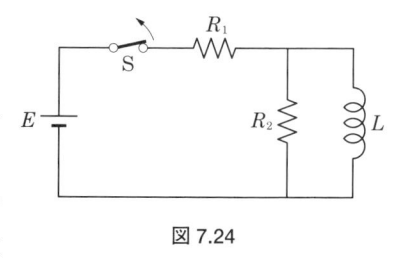

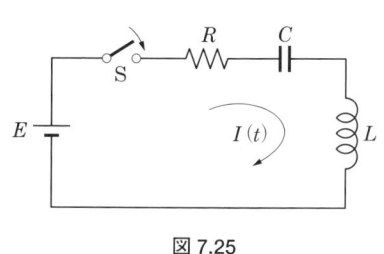

図 7.25

〔7〕 例3(143ページ)の回路において，$L = 1 \,[\mathrm{mH}]$, $R_1 = 1 \,[\mathrm{k\Omega}]$, $R_2 = 3 \,[\mathrm{k\Omega}]$ とする．このとき，$I_L(t) = I_{R_2}(t)$ となる時間 τ を求めよ．

〔8〕 例4(144ページ)の回路において，$L_1 = 5 \,[\mathrm{mH}]$, $L_2 = 5 \,[\mathrm{mH}]$, $M = 0.4 \,[\mathrm{mH}]$, $E = 10 \,[\mathrm{V}]$, $R_1 = 5 \,[\mathrm{k\Omega}]$, $R_2 = 5 \,[\mathrm{k\Omega}]$ とするとき，$I_1(t)$, $I_2(t)$ を求め，そのグラフを描け．

〔9〕 例3，例4をラプラス変換を用いて解け．

〔10〕 例4の回路において，$E = 15 \,[\mathrm{V}]$, $L_1 = 4 \,[\mathrm{mH}]$, $L_2 = 6 \,[\mathrm{mH}]$, $M = 3 \,[\mathrm{mH}]$, $R_1 = 2 \,[\mathrm{k\Omega}]$, $R_2 = 4 \,[\mathrm{k\Omega}]$ とするとき，コンピュータを用いて $I_1(t)$, $I_2(t)$ のグラフを描け．

索　引

■英数字
1次結合　51
1次従属　51, 77
1次独立　51, 77
2階線形微分方程式　48

LC回路　141
LRC回路　141
LR回路　8
n階　2
n階微分方程式　4
RC回路　140
RL回路　140

■ア行
一般解　3

演算子　57

オイラー形の微分方程式　74
オイラーの公式　64
オイラーの連立微分方程式　89

■カ行
解　1
解曲線　9
解法　3
加速度　125

片持ハリ　134
過渡現象　138
完全　19
完全微分方程式　19
ガンマ関数　96

逆演算子　57
逆変換　95
求積法　3
境界条件　3
境界値　3
境界値問題　3
強制振動　8, 128
キルヒホッフの法則　138

クレーローの微分方程式　30

係数　2
減衰振動　128

合成積　100

■サ行
支持ハリ　134
次数　2
常微分方程式　1
初期条件　3
初期値　3

初期値問題　*3*
振動　*127*
振動的　*129*

正規形　*2, 76*
斉次　*2, 76*
積分因子　*23*
積分因数　*23*
接線　*6*
接線影　*6*
線形　*2, 76*
線形結合　*51*
線形従属　*51*
線形性　*94*
線形独立　*51*
線形微分方程式　*26*

速度　*125*

■タ行
たたみこみ　*100*
ダランベールの微分方程式　*32*
たわみ　*134*
たわみ角　*135*
たわみ曲線　*135*
たわみの剛性率　*134*
単位階段関数　*103*
弾性係数　*134*
断面2次モーメント　*134*

直交曲線　*31*
直交曲線群　*31*

定数変化法　*27, 56, 79*
デルタ関数　*106*

同次　*2, 76*
同次形　*14, 44*
解く　*3*
特異解　*3*
特殊解　*3*
特性方程式　*63*
トリチェリーの定理　*130*

■ハ行
ハリ　*134*

非線形　*2*
微分演算子　*57*
微分方程式　*1*
微分方程式を解く　*1*

ヘビサイド関数　*103*
ベルヌーイの微分方程式　*28*
変数分離形　*11*
偏微分方程式　*1*

方向場　*9*
法線　*6*
法線影　*6*
放物運動　*125*
包絡線　*31*
補関数　*53*
補助方程式　*63*

■マ行

曲げモーメント　　*134*

未定係数法　　*72*

■ヤ行

ヤング率　　*135*

余関数　　*53*

■ラ行

ラグランジュの微分方程式　　*32*

ラプラス逆変換　　*95*

ラプラス変換　　*92*

リプシッツ　　*4*

流体　　*129*

連立微分方程式　　*2, 5*

ロンスキアン　　*51*

【著者紹介】

鶴見和之（つるみ・かずゆき）
東京電機大学工学部教授

稲垣嘉男（いながき・よしお）
東京電機大学工学部教授

大矢正義（おおや・まさよし）
東京電機大学工学部教授

佐藤 穂（さとう・いなほ）
東京電機大学工学部教授

濃野聖晴（のうの・きよはる）
福岡教育大学教育学部教授

堀口 博（ほりぐち・ひろし）
東京電機大学工学部教授

五島奉文（ごとう・ともゆき）
東京電機大学工学部教授

中島幸喜（なかじま・ゆきよし）
東京電機大学工学部教授

工科系数学セミナー
常微分方程式

2000年 3月10日 第1版1刷発行 ISBN 978-4-501-61780-6 C3341
2020年 2月20日 第1版9刷発行

著 者 鶴見和之・稲垣嘉男・大矢正義・佐藤穂・濃野聖晴・堀口博・
　　　五島奉文・中島幸喜
　　　© Tsurumi Kazuyuki, Inagaki Yoshio, Ohya Masayoshi, Satou Inaho,
　　　Nôno Kiyoharu, Horiguchi Hiroshi, Gotoh Tomoyuki,
　　　Nakajima Yukiyoshi 2000

発行所　学校法人 東京電機大学　　〒120-8551　東京都足立区千住旭町5番
　　　　東京電機大学出版局　　　　Tel. 03-5284-5386(営業) 03-5284-5385(編集)
　　　　　　　　　　　　　　　　　Fax. 03-5284-5387　振替口座 00160-5-71715
　　　　　　　　　　　　　　　　　https://www.tdupress.jp/

JCOPY <(社)出版者著作権管理機構 委託出版物>
本書の全部または一部を無断で複写複製（コピーおよび電子化を含む）すること
は，著作権法上での例外を除いて禁じられています。本書からの複製を希望され
る場合は，そのつど事前に，(社)出版者著作権管理機構の許諾を得てください。
また，本書を代行業者等の第三者に依頼してスキャンやデジタル化をすることは
たとえ個人や家庭内での利用であっても，いっさい認められておりません。
[連絡先] Tel. 03-5244-5088, Fax. 03-5244-5089, E-mail: info@jcopy.or.jp

印刷：三立工芸(株)　　製本：渡辺製本(株)　　装丁：高橋壮一
落丁・乱丁本はお取り替えいたします。　　　　　　　　Printed in Japan

理工学基礎課程のための数学関連書籍

大学数学基礎力養成
微分の教科書

丸井洋子 著　　A5判　168頁

微分の要点に的を絞って解説。例題の解答を穴埋め形式にし，解法を一つずつ理解しながら解き進めることで習得できるよう配慮した。

大学数学基礎力養成
微分の問題集

丸井洋子 著　　A5判　114頁

微分の要点に的を絞り問題を厳選。解答については解法過程を省かず掲載している。授業の予習復習および定期試験対策として最適な一冊。

大学数学基礎力養成
積分の教科書

丸井洋子 著　　A5判　176頁

積分の要点に的を絞って解説。例題の解答を穴埋め形式にし，解法を一つずつ理解しながら解き進めることで習得できるよう配慮した。

大学数学基礎力養成
積分の問題集

丸井洋子 著　　A5判　144頁

積分の要点に的を絞り問題を厳選。解答については解法過程を省かず掲載している。授業の予習復習および定期試験対策として最適な一冊。

大学入門ドリル
線形代数 行列と行列式

丸井洋子 著　　B5判　216頁

理工系全学科の新入生対象。書き込み式で問題を解いていく演習書。問題量が豊富で，解説も丁寧なため，授業の予習・復習・試験対策に最適。

大学入門ドリル
線形代数 ベクトルと固有値

丸井洋子 著　　B5判　240頁

シリーズ『線形代数　行列と行列式』の姉妹書。授業がいまいち理解できない学生向けのテキスト。理工系全学科の新入生対象。

大学新入生のための数学ガイド

太田琢也・桑田孝泰 著　　B5判　160頁

高校の微分積分・行列以前の初歩数学でのつまずきを取り戻すためのテキスト。例・例題・問を精選し，演習問題も豊富に掲載した。

大学新入生の数学
高校から大学へのステップアップ

田澤義彦 著　　A5判　272頁

理工系の大学生が数学を学ぶ際に，高校で学んだ数学と大学の数学が滑らかにつながるように橋渡しをする。予備知識がなくても読めるよう配慮した。

＊定価，図書目録のお問い合わせ・ご要望は出版局までお願いいたします。
https://www.tdupress.jp/

別冊
常微分方程式
解答

鶴見和之・稲垣嘉男・大矢正義・佐藤　穂
濃野聖晴・堀口　博・五島奉文・中島幸喜　共著

東京電機大学出版局

第2章　1階微分方程式

1. 変数分離形　……………………………………【13ページ】

〔1〕 (1) $y = Ce^{-x}$　(2) $y = C(x+1)$　(3) $y = 3\log x + C$
(4) $y = C(x+2)^3$　(5) $y = \sin x + C$　(6) $y = x + \dfrac{1}{x} + C$

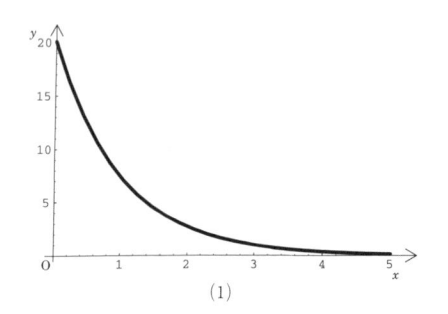

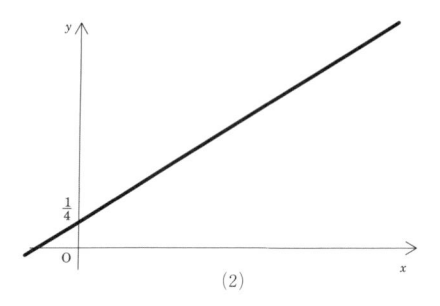

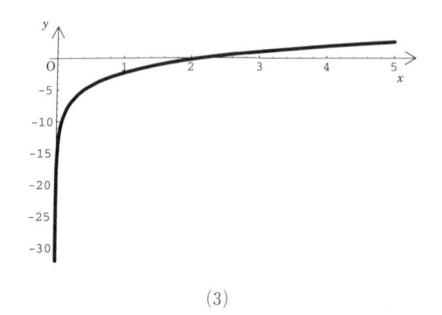

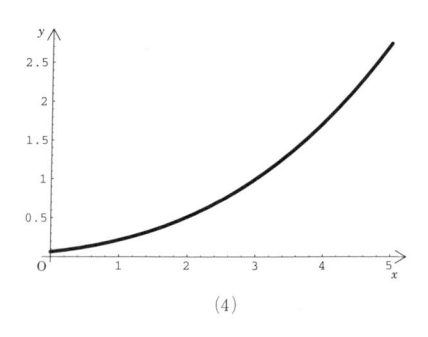

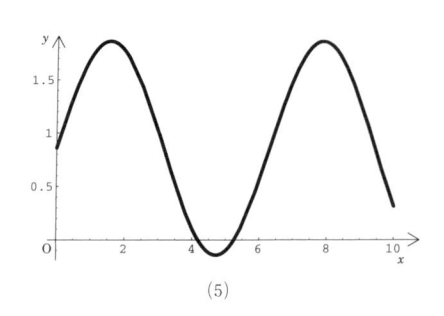

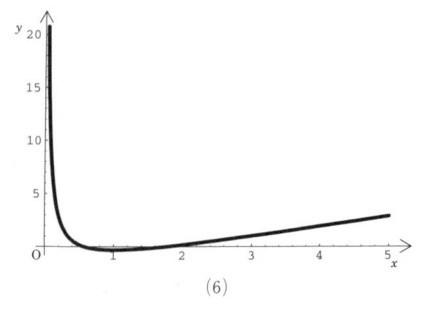

(1)

(2)

(3)

(4)

(5)

(6)

[2] (1) $y = \dfrac{-1}{2x+C}$ (2) $y = \dfrac{-1}{3x^2+C}$ (3) $2e^{-3y} + 3e^{2x} = C$

(4) $y + x + \dfrac{1}{2}(x^2 + y^2) = C$ (5) $y^2 = Ce^{-x^2} + 1$ (6) $\tan^{-1} y = x + \log(x-1) + C$

(7) $y = Cxe^{y-x}$ (8) $\dfrac{y^2}{2} - \dfrac{x^2}{2} + \sin y - \cos x = C$ (9) $x^2 y = Ce^{3y}$

(10) $\dfrac{y^5}{5} - y^3 + y^2 - y = \dfrac{x^4}{4} + \dfrac{2}{3}x^3 + 5x + C$ (11) $\log y - \dfrac{1}{y} = \sin x + C$

(12) $y = C\cos^3 x$ (13) $\sqrt{1-x^2} + \sqrt{1-y^2} = C$

(14) $(x^2-1)\log(x+1) - \left(\dfrac{1}{2}x^2 - x\right) + y^2 = C$ (15) $\dfrac{(x-1)\left(y + \sqrt{y^2-1}\right)^4}{x+3} = C$

(16) $3\tan^{-1}\dfrac{y}{2} + 2\tan^{-1}\dfrac{x}{3} = C$ (17) $y\cos x = C$ (18) $y^2 - x + \sin x \cos x = C$

[3] 8倍

[4] $\dfrac{\log 10}{\log 2} \times 1590 = 5281.87$ 〔年〕

2. 変数分離形に帰着できる微分方程式　　　　………………【18ページ】

[1] (1) $xy - \dfrac{1}{2}x^2 = C$ (2) $y - x\log y = Cx$ (3) $x(x^2 - 3y^2) = C$

(4) $b = 1$ のとき： $y = ax\log x + Cx$
　　$b \neq 1$ のとき： $y = \dfrac{a}{1-b}x + C^{b-1}x^b$

(5) $\tan^{-1}\dfrac{y}{x} - \dfrac{1}{2}\log\dfrac{x^2+y^2}{x^4} = C$ (6) $y^2 = 2x^2 \log x + Cx^2$

(7) $\cos\dfrac{y}{x} + \log y = C$ (8) $x^3 + 3y^2 \log y + 3Cy^3 = 0$ (9) $y = 2x + Cx(y-x)$

(10) $b = 1$ のとき： $y^2 = 2ax^2(\log x + C)$
　　$b \neq -1$ のとき： $(b-1)y^2 + ax^2 = Cx^{2b}$

[2] (1) $\left(y + \dfrac{1}{2}\right)^2 - 2\left(y + \dfrac{1}{2}\right)\left(x - \dfrac{3}{2}\right) - \left(x - \dfrac{3}{2}\right)^2 = C$

(2) $2\left(y - \dfrac{11}{6}\right)^2 + 4\left(y - \dfrac{11}{6}\right)\left(x - \dfrac{2}{3}\right) - \left(x - \dfrac{2}{3}\right)^2 = C$

(3) $3\left(y + \dfrac{11}{8}\right)^2 - 2\left(y + \dfrac{11}{8}\right)\left(x - \dfrac{7}{8}\right) + 3\left(x - \dfrac{7}{8}\right)^2 = C$ (4) $(x - 2y)^2 - 6y = C$

(5) $-\dfrac{x}{3} + y + 5 + \dfrac{5}{7}\log\left(2x + y + \dfrac{5}{7}\right) = C$ (6) $(y - x + 1)^2 + 2y = C$

4　解　答

(7)　$x+y+2 = C(x+1)^2$　　　(8)　$x^2 - xy + y^2 + x - y = C$

〔3〕(1)　$(y-x^2)\log Cx - x^2 = 0$　　(2)　$C(4y^3 - 3x^2) - x^6 = 0$　　(3)　$Cx^3y - xy + 2 = 0$

(4)　$Cy^3 = 3yx^2 - 2$　　(5)　$\log\dfrac{(2y^2x^4 + yx^2 + 1)^7}{y^{28}} - 2\sqrt{7}\tan^{-1}\dfrac{4yx^2+1}{\sqrt{7}} = C$

(6)　$(y-x^2)^2(y+2x^2) = x^3$

〔4〕(1)　$\sin x^2 y^2 = Ce^x$　　(2)　$e^y - x = Ce^{3x}$　　(3)　$\sin(y + x^k) = Ce^x$

(4)　$x\cos y = \sin(-x + C)$

〔5〕　$r^2 = k^2 \cos 2\theta$

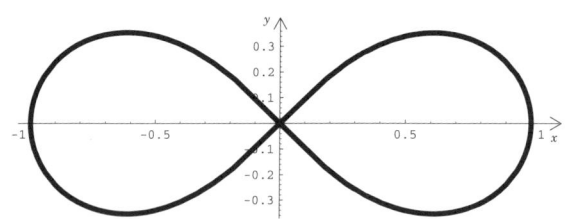

〔6〕　$r = \dfrac{a}{\sqrt{2}} e^{-\theta}$

3. 完全微分方程式　……………………………【21ページ】

〔1〕　略

〔2〕　完全であるもの：(1), (3), (4), (8)
　　　完全でないもの：(2), (5), (6), (7)

〔3〕(1)　$a = 2$, b は任意　　(2)　$2a = b$　　(3)　$a = b$, c は任意　　(4)　$a = -b$

(5)　$a = b$　　(6)　$b = c = 1$, a は任意

〔4〕(1)　$x^2 + y^2 = C$　　(2)　$xy = C$　　(3)　$xy + \dfrac{3}{2}y^2 = C$

(4)　$\dfrac{a}{2}x^2 + bxy + \dfrac{c}{2}y^2 = C$　　(5)　$x^5 y = C$　　(6)　$\dfrac{1}{4}x^4 + \dfrac{1}{3}x^3y^3 + \dfrac{1}{4}y^4 = C$

(7)　$axy - \dfrac{1}{3}x^3 - \dfrac{1}{3}y^3 = C$　　(8)　$xy = C$　　(9)　$x^2y + \dfrac{1}{2}xy^2 + 1 = Cx$

(10)　$\log x + x^3 y - \log y = C$　　(11)　$y = Cx$　　(12)　$x\log y + y + xy^2 = Cx$

(13)　$e^x \cos y + x^2 + y^2 = C$　　(14)　$\sin x = C\cos y$

4. 積分因子 ……………………………………【26ページ】

(1) $\mu = x^5 y,\ x^3 y = C$　(2) $\mu = \dfrac{1}{xy},\ y = Cx$　(3) $\mu = x^{-2} y,\ y^2 = Cx$

(4) $\mu = y,\ xy^3 - x^3 y^2 = C$　(5) $\mu = y,\ xy = C$　(6) $\mu = \dfrac{1}{xy},\ x^a y^b = C$

(7) $\mu = x^{-2},\ x - \dfrac{y^2}{2} = C$　(8) $\mu = x^{-2},\ \log x + \dfrac{y}{x} + \dfrac{2}{3} y^3 = C$

(9) $\mu = x,\ \dfrac{x^3}{3} + x \log y = C$　(10) $\mu = x^{-2},\ -\dfrac{y}{x} + \cos y = C$

(11) $\mu = x^{-1} y^{-1},\ x \log y + \log x + 2y = C$　(12) $\mu = \dfrac{1}{\cos^2 y},\ \dfrac{\sin x}{\cos y} = C$

5. 線形微分方程式 ……………………………………【29ページ】

【1】(1) $y = Ce^{-x} + 1$　(2) $y = Ce^{-x} + x - 5$　(3) $y = \dfrac{x}{2} + \dfrac{C}{x}$

(4) $y = ax + b - a + Ce^{-x}$　(5) $y = Ce^{-x^2} + \dfrac{1}{2}$　(6) $y = Ce^{-\frac{1}{3}x^3} + a$

(7) $y = e^x (2x + C)$　(8) $y = Ce^{\sin x} - 1$　(9) $y = Cx - \dfrac{a}{2x}$

(10) $y = Ce^{-x} + ax^2 - 2ax + 2a$　(11) $y = \dfrac{1}{1+x^2}(x + C)$　(12) $y = \dfrac{1}{x^3}(\log x + C)$

(13) $y = e^{\cos x}(x + C)$　(14) $y = x\left(\dfrac{1}{2}(\log x)^2 + C\right)$

【2】(1) $y = \dfrac{1}{Ce^x + 1}$　(2) $y^2\left(Ce^{2x} + x - \dfrac{7}{2}\right) = 1$　(3) $y^3 = \dfrac{3}{4}x + \dfrac{C}{x^3}$

(4) $y^5\left(\dfrac{5}{2}x^3 + Cx^5\right) = 1$　(5) $y\left(-1 + Ce^{-\frac{1}{2}x^2}\right) = 1$

(6) $-3y^3\left(\dfrac{1}{2}\sin 2x + x + C\right) = \cos^3 x$　(7) $y^4\left(\dfrac{8}{3}x \log x + \dfrac{8}{9}x + Cx^4\right) = 1$

(8) $y^3 e^{3x^2}(3x + C) = 1$　(9) $yx\left(-\dfrac{1}{2}(\log x)^2 + C\right) = 1$　(10) $y^2(Ce^{\cos x} + 2) = 1$

(11) $y(1 + Ce^{\sin x}) = 1$　(12) $y(-3 + C\sqrt{1-x^2}) = 1$

(13) $y^2\left(Ce^{-2x} - x^2 + x - \dfrac{1}{2}\right) = 1$　(14) $y^2(x + Ce^x) = 1$

【3】(1) $y = e^{\left(\frac{x}{2} + \frac{C}{x}\right)}$　(2) $y = \sin^{-1}\left(\dfrac{x}{2} + \dfrac{C}{x}\right)$　(3) $y = \log\left(\dfrac{1}{2} + Ce^{-x^2}\right)$

(4) $y^2 = \log(1 + Ce^{-x^2})$

6. 微分によって解ける微分方程式　　　　　　……………………【35ページ】

〔1〕　一般解, 特異解の順に示す.

(1) $y = Cx + C^2$, $y = -\dfrac{x^2}{4}$　　(2) $y = Cx + C$, なし　　(3) $y = Cx + aC^2$, $y = -\dfrac{x^2}{4a}$

(4) $y = Cx - \dfrac{1}{C}$, $y = 0$　　(5) $y = Cx + \sqrt{C}$, $y = -\dfrac{1}{4x}$

(6) $y = Cx + C + C^2$, $y = \dfrac{-x^2 - 2x - 1}{4}$　　(7) $y = Cx + (a-b)C^2$, $y = -\dfrac{x^2}{4(a-b)}$

(8) $y = Cx + \sin C$, $y = px + \sin p$, $x = -\cos p$ で与えられる

(9) $y = Cx + \dfrac{C}{C+1}$, $y = px + \dfrac{p}{p+1}$, $x = -\dfrac{1}{(p+1)^2}$ で与えられる

(10) $y = Cx + \cos C$, $y = px + \cos p$, $x = \sin p$ で与えられる

(11) $y = Cx + e^{2C}$, $y = \dfrac{x}{2}\left(\log\left(-\dfrac{x}{2}\right) - 1\right)$　　(12) $y = Cx + ae^{bC}$, $y = \dfrac{x}{b}\left(\log\left(-\dfrac{x}{ab}\right) - 1\right)$

〔2〕 (1) $(y-1)^2 = C(2x+1)$　　(2) $y = -(x+1)\log C(x+1) + x$

(3) $y + 2x\left(\dfrac{3C}{3x+2}\right)^{\frac{3}{2}} + \left(\dfrac{3C}{3x+2}\right)^3 = 0$　　(4) $y = -2(x-1)\log(x-1) + C_1 x + C_2$

(5) $y = (ax+b)\left\{C\left(x - \dfrac{b}{a}\right)\right\}^{-\frac{a-1}{a}}$　　(6) $y = -2x\log\left(\dfrac{x-2}{C}\right) + 4\left\{\log\left(\dfrac{x-2}{C}\right)\right\}^2$

(7) $y = \left(\sqrt{x-1} + C\right)^2$ (一般解), $y = 0$ (特異解)

(8) $y = C(x+2)^2$

〔3〕 (1) $27y^2 + 4x^3 = 0$　　(2), (3), (4) なし　　(5) $y^2 = 1$　　(6) $y = 0$

〔4〕 (1) $y = -\dfrac{x^2}{8}$　　(2) $y = x\cos^{-1}(-x) \pm \sqrt{1-x^2}$　　(3) $y = 0$

(4) $y = -x\tan^{-1}(-x) \pm \sqrt{1-x^2}$　　(5) $y = 1 + x$　　(6) $y^2 = 1$

〔5〕 (1) $x^2 + 2y^2 = C^2$　　(2) $x^2 + y^2 = C^2$　　(3) $y = Cx$　　(4) $y^2 = Ce^{-x}$

(5) $y^2 = Cx^3$

第3章　特殊な形の２階微分方程式

1. x, y, y' のいずれかを含まない微分方程式　………【43ページ】

【1】(1) $y = C_1 x + C_2 - \cos x$　　(2) $y = C_1 x + C_2 + xe^{-x} + 2e^{-x}$

(3) $y = C_1 x + C_2 + \dfrac{1}{6} x^3 \log x - \dfrac{5}{36} x^3$　　(4) $y = C_1 e^x + C_2$

(5) $y = C_1 e^x + C_2 - \dfrac{1}{2} x^2 - x$　　(6) $y = C_1 e^{-2x} + C_2 + \dfrac{1}{2} x$　　(7) $y = C_1 e^{ax} + C_2$

(8) $y = \pm \dfrac{1}{3}(2x + C_1)^{\frac{3}{2}} + C_2$　　(9) $y = \pm \dfrac{1}{2} \left\{ x\sqrt{x^2 + C_1} + C_1 \log \left| x + \sqrt{x^2 + C_1} \right| \right\} + C_2$

(10) $y = C_1 e^{3x} + C_2 + \dfrac{2}{3} x$　　(11) $y = \log |\log x + C_1| + C_2$

【2】(1) $\displaystyle \int \dfrac{dy}{y^2 + C_1} = \dfrac{1}{2} x + C_2$ において，

① $C_1 > 0$ ならば，$y = \sqrt{C_1} \tan \left(\dfrac{C_1}{2} x + C_2 \right)$

② $C_1 < 0$ ならば，$y = \sqrt{-C_1} \dfrac{1 + C_2 e^{\sqrt{-C_1} x}}{1 - C_2 e^{\sqrt{-C_1} x}}$

③ $C_1 = 0$ ならば，$y = \dfrac{-2}{x + C_2}$

(2) $y = \dfrac{1}{C_1 x + C_2}$　　(3) $y = C_2 e^{C_1 x}$　　(4) $y = \log \dfrac{C_1 C_2 e^{C_1 x}}{1 - C_2 e^{C_1 x}}$

(5) $y = \pm \sqrt{C_1 + C_2 e^x}$　　(6) $y = \dfrac{1}{C_1} \sqrt{1 + C_2 e^{C_1 x}}$

【3】(1) $y = C_1 \cos ax + C_2 \sin ax$　　(2) $y = C_1 e^{ax} + C_2 e^{-ax}$　　(3) $y = C_1 \cos x + C_2 \sin x$

(4) $y = C_1 e^x + C_2 e^{-x}$　　(5) $y = C_1 e^x + C_2 e^{-x} + 2$　　(6) $y = C_1 e^{\sqrt{5} x} + C_2 e^{-\sqrt{5} x} + \dfrac{6}{5}$

【4】$k = 66.31$〔m〕

2. 同次形　……………………………………………【48ページ】

【1】(1) $y = C_2 e^{x^2 + C_1 x}$　　(2) $y = C_2 x^{C_1}$　　(3) $y = C_2 e^{x^3 + C_1 x}$　　(4) $y = C_2 x^{-x} e^{C_1 x}$

(5) $y = C_2 (1 - C_1 e^{4x})^{-\frac{1}{4}}$　　(6) $y = C_2 (C_1 e^x - 1)^{-1}$

〔2〕(1) $y = C_1 \cos(\log x) + C_2 \sin(\log x)$　　(2) $y = C_1 x \log x + C_2 x$　　(3) $\dfrac{e^{C_1 y}}{C_1 y + 1} = C_2 x^{C_1{}^2}$

(4) $y^3 = C_1 \log x + C_2$　　(5) $y^2 = C_1 x^2 + C_2$　　(6) $y = C_1 x^{C_2}$

〔3〕(1) $y = \dfrac{C_1}{x} + C_2 x$　　(2) $y = (C_1 \log x + C_2) x$　　(3) $y = x \log \dfrac{C_2 x}{1 - C_1 x}$

(4) $y = -x + C_1 x e^{\frac{C_2}{x}}$　　(5) $y = C_1 x + x \sin^{-1} \dfrac{C_2}{x}$　　(6) $y = C_1 x^{1+\sqrt{2}} + C_2 x^{1-\sqrt{2}}$

(7) $y = -\dfrac{1}{2} x \log x + \dfrac{C_1}{x} + C_2 x$

3. 2階線形微分方程式 ……………………………………【50ページ】

(1) $y = C_1 e^x + C_2 e^{4x} + x + 1$　　(2) $y = C_1 x + C_2 x \log x + x^2$

(3) $y = C_1 x + C_2 x^3 + x^3 \log x + 3x^2$　　(4) $y = x^3 + C_1 x^2 + C_2 x^2 \log x$

(5) $y = C_1 x + \dfrac{C_2}{x^3} - \dfrac{1}{4x}$　　(6) $y = C_1(x-1) + C_2(x-1)^2 + 3\{(x-1)^2 \log(x-1) + 1\}$

(7) $y = C_1 x + C_2(x^2 - 1)$　　(8) $y = C_1 e^x \sin \sqrt{2} x + C_2 e^x \cos \sqrt{2} x + x + 1$

第4章　線形微分方程式

1. 線形微分方程式およびその解　……………………【56ページ】

〔1〕,〔2〕　略

〔3〕(1) $e^{(\alpha_1 + \alpha_2 + \alpha_3)x}(\alpha_3 - \alpha_2)(\alpha_3 - \alpha_1)(\alpha_2 - \alpha_1)$　　(2) $3(\sin 6x + 6 \sin 4x - 15 \sin 2x)$

(3) $\dfrac{1}{2}(\sin 6x + 6 \sin 4x - 15 \sin 2x)$　　(4) $2^{\frac{n(n-1)}{2}} \cdot 2! \, 3! \cdots n! \, x^{\frac{n(n+3)}{2}}$

(5) $2^{\frac{n(n+1)}{2}} \cdot 2! \, 3! \cdots (n+1)! \, x^{\frac{(n+1)(n+2)}{2}}$　　(6) $2e^x(1-x)$

(7) $2(2\cos^2 x - \sin^2 x)\sin^2 x$

〔4〕 $y = C_1 u_1(x) + C_2 u_2(x) + u_1(x) \displaystyle\int \dfrac{-b(x) u_2(x)}{W(x)} dx + u_2(x) \displaystyle\int \dfrac{b(x) u_1(x)}{W(x)} dx$,

ただし，$W(x) = u_1(x) u_2'(x) - u_1'(x) u_2(x)$

第 4 章　線形微分方程式　　**9**

〔5〕(1)　$y = C_1 e^{3x} + C_2 e^{-x} - \dfrac{1}{3}x + \dfrac{2}{9}$　　(2)　$y = C_1 \cos\sqrt{5}x + C_2 \sin\sqrt{5}x + \dfrac{1}{6}e^x$

(3)　$y = C_1 e^{-3x} + C_2 e^{2x} - \dfrac{1}{4}e^x$　　(4)　$y = C_1 x + C_2 x^2 + x^2 \log x$

(5)　$y = C_1 e^x + C_2 e^{2x} + C_3 e^{-3x} + \dfrac{1}{6}x + \dfrac{7}{36}$　　(6)　$y = C_1 e^x + C_2 e^{-x} + C_3 e^{-2x} - \dfrac{1}{4}$

(7)　$y = C_1 e^x \cos 2x + C_2 e^x \sin 2x + \dfrac{1}{5}\sin x + \dfrac{1}{10}\cos x$

(8)　$y = C_1 e^x + C_2 x e^x + x^2 + 4x + 7$　　(9)　$y = C_1 e^{2x} + C_2 x e^{2x} + \dfrac{1}{4}x + \dfrac{3}{4}$

(10)　$y = C_1 e^x + C_2 e^{-\frac{1}{2}x} \cos \dfrac{\sqrt{3}}{2}x + C_3 e^{-\frac{1}{2}x} \sin \dfrac{\sqrt{3}}{2}x - 2x - 3$

2.　微分演算子　……………………………………………〔61 ページ〕

〔1〕(1)　$-x$　　(2)　$3\cos 3x + 2\sin 3x$　　(3)　$-3\sin 3x + 2\cos 3x$

(4)　$3x^2 + 11x + 9$　　(5)　$-e^{3x} - 15e^x$　　(6)　$12x^2 + 4x^3 - 2x^4$

(7)　$2x\cos 2x - 5x\sin 2x + \sin 2x$　　(8)　$-2x\cos 3x - 3x\sin 3x + \cos 3x$

(9)　$e^x(7x^2 + 2x)$　　(10)　$e^x(8\cos 2x + \sin 2x)$　　(11)　$-e^x(9\sin 3x + 58\cos 3x)$

(12)　$-4x - 4$　　(13)　$-8\cos(2x+1) + 5\sin(2x+1)$

〔2〕(1)　$-a$　　(2)　$-\dfrac{1}{2}x - \dfrac{5}{4}$　　(3)　$\dfrac{1}{3}x^2 + \dfrac{4}{9}x - \dfrac{4}{27}$　　(4)　$-\dfrac{1}{2}x - \dfrac{1}{4}$

(5)　$-\dfrac{1}{3}x^3 - \dfrac{2}{3}x^2 - \dfrac{11}{9}x - \dfrac{34}{27}$　　(6)　$\dfrac{1}{m^2+1}e^{mx}$　　(7)　$-e^x\left(\dfrac{1}{3}x + \dfrac{2}{9}\right)$

(8)　$\dfrac{1}{4}e^{2x}$　　(9)　$-\dfrac{1}{5}\sin(3x+2)$　　(10)　$x - 1$　　(11)　$-\dfrac{1}{8}x^2 - \dfrac{3}{8}x - \dfrac{3}{8}$

(12)　$\dfrac{1}{6}x^3 e^x$　　(13)　$\dfrac{1}{8}e^x(\sin x - \cos x)$　　(14)　$\dfrac{1}{8}e^x(\sin x + \cos x)$

(15)　$\dfrac{1}{5}(\sin 2x - 2\cos 2x)$　　(16)　$\dfrac{1}{a^2+b^2}(a\cos bx + b\sin bx)$

(17)　$a \neq \pm 2$ のとき：$\dfrac{1}{2}\left(\dfrac{1}{a^2} - \dfrac{1}{a^2-4}\cos 2x\right)$,

　　　$a = \pm 2$ のとき：$\dfrac{1}{4}x\sin 2x$

(18)　$\dfrac{1}{18} + \dfrac{1}{10}\cos 2x$

〔3〕　略

3. 定数係数線形斉次微分方程式　　…………………………【65ページ】

[1] (1) $y = C_1 e^{3x} + C_2 e^{-2x}$　　(2) $y = C_1 e^{3x} + C_2 e^{2x}$　　(3) $y = C_1 e^{2x} + C_2 e^{-x}$

(4) $y = C_1 e^x + C_2 e^{-x}$　　(5) $y = C_1 e^{2x} + C_2 e^{-2x}$　　(6) $y = C_1 e^{4x} + C_2 e^x$

(7) $y = C_1 + C_2 e^x + C_3 e^{-x}$　　(8) $y = C_1 + C_2 e^{5x} + C_3 e^{-2x}$　　(9) $y = C_1 e^{5x} + C_2 e^{4x}$

(10) $y = C_1 + C_2 e^{\sqrt{3}x} + C_3 e^{-\sqrt{3}x}$　　(11) $y = C_1 + C_2 x + C_3 e^x + C_4 e^{-x}$

(12) $y = C_1 + C_2 e^{-x} + C_3 e^{-2x}$　　(13) $y = C_1 e^{\sqrt{2}x} + C_2 e^{-\sqrt{2}x}$　　(14) $y = C_1 e^x + C_2 x e^x$

(15) $y = C_1 + C_2 e^{\sqrt{3}x} + C_3 e^{-\sqrt{3}x}$　　(16) $y = C_1 e^{-x} + C_2 e^x + C_3 x e^x$

(17) $y = C_1 e^x + C_2 \cos x + C_3 \sin x$　　(18) $y = e^x (C_1 + C_2 x + C_3 x^2)$

(19) $y = e^{-\frac{x}{2}} \left(C_1 \cos \frac{\sqrt{3}}{2} x + C_2 \sin \frac{\sqrt{3}}{2} x \right) + C_3 e^x$

(20) $y = C_1 e^x + C_2 e^{-x} + C_3 \cos x + C_4 \sin x$

(21) $y = C_1 e^{2x} + C_2 e^{-2x} + C_3 \cos 2x + C_4 \sin 2x$　　(22) $y = e^x (C_1 + C_2 x) + C_3 e^{-2x}$

(23) $y = e^{-x} (C_1 \cos \sqrt{3} x + C_2 \sin \sqrt{3} x) + C_3 e^{2x}$　　(24) $y = C_1 e^{4x} + C_2 e^{5x}$

(25) $y = C_1 e^x + C_2 e^{(1+\sqrt{3})x} + C_3 e^{(1-\sqrt{3})x}$　　(26) $y = C_1 e^x + C_2 e^{\frac{-1+\sqrt{5}}{2}x} + C_3 e^{-\frac{1+\sqrt{5}}{2}x}$

(27) $y = e^x (C_1 + C_2 x) + C_3 \cos x + C_4 \sin x$

[2] (1) $y'' - 4y' + 3y = 0$　　(2) $y''' - 10y'' + 29y' - 20y = 0$　　(3) $y'' + 4y = 0$

(4) $x^2 y'' - 2xy' + 2y = 0$　　(5) 　　(6) $y''' - 3y'' = 0$

(7) $(D^4 - 1)y = 0$　　(8) $y'' - 4y' + 13y = 0$

(9) $(D^4 - 9D^3 + 26D^2 - 24D)y = 0$　　(10) $y''' - 4y'' - 4y' + 16y = 0$

(11) $y''' - 2y' = 0$

4. 非斉次形線形微分方程式　　…………………………【73ページ】

[1] (1) $-x - 1$　　(2) $\dfrac{2}{5} \sin x - \dfrac{1}{5} \cos x$　　(3) $\dfrac{1}{5} e^{4x}$　　(4) $-\dfrac{1}{3} x^2 - \dfrac{2}{9} x - \dfrac{11}{27}$

(5) $\dfrac{3}{2} x^2 - 3x$　　(6) $\dfrac{1}{2} e^{2x}$　　(7) $-\dfrac{3}{8} e^x$　　(8) $-\dfrac{1}{8} \cos 2x$　　(9) $-\dfrac{1}{24} x^4$

(10) $-\dfrac{5}{6} e^{3x} - \dfrac{13}{170} \cos x - \dfrac{1}{170} \sin x$　　(11) $\dfrac{3}{34} \sin x + \dfrac{5}{34} \cos x - \dfrac{1}{10} \sin 2x$

(12) $\dfrac{1}{4} x^3 + \dfrac{1}{8} x$　　(13) $-\dfrac{1}{3} x \cos 3x$　　(14) $-\dfrac{1}{8} x^2 + \sin x$

第 4 章　線形微分方程式　　**11**

(15)　$-\dfrac{1}{2}x^2 - \dfrac{1}{2} - \dfrac{6}{5}\sin x + \dfrac{2}{5}\cos x$　　(16)　$\dfrac{1}{2}x^3 + 6x - \dfrac{3}{2}$　　(17)　$\dfrac{1}{3}e^x(x+3)$

(18)　$\dfrac{1}{2}\cos\left(x + \dfrac{\pi}{3}\right)$　　(19)　$\dfrac{1}{20}\cos 2x - \dfrac{1}{40}\sin x$　　(20)　$\dfrac{1}{5}x\sin 2x - \dfrac{4}{25}\cos 2x$

(21)　$\dfrac{1}{125}(25x^2 - 30x + 8) + \left(\dfrac{1}{37}x + \dfrac{57}{37^2}\right)\cos 2x + \left(\dfrac{6}{37}x - \dfrac{176}{37^2}\right)\sin 2x$

(22)　$\dfrac{3}{25}x^2 + \dfrac{14}{25^2}x + \dfrac{391}{25^3}$　　(23)　$-e^{-2x}\left(\dfrac{1}{32}x - \dfrac{3}{128}\right)$　　(24)　$e^{2x}(x-3)$

(25)　$x^3 - 2x^2 + 12x - 3$　　(26)　$-x - 1 + \dfrac{1}{4}x(\cos x + \sin x)$　　(27)　$\dfrac{1}{15}xe^{2x}$

〔2〕　(1)　$y = C_1 e^x + C_2 e^{-x} - 2x - 3$　　(2)　$y = C_1 + C_2 e^{3x} + \dfrac{2}{3}xe^{3x}$

(3)　$y = C_1 e^{-x} + C_2 e^{-3x} + \dfrac{1}{3}x - \dfrac{4}{9}$

(4)　$y = e^x\left(C_1 \cos\sqrt{3}x + C_2 \sin\sqrt{3}x\right) + \dfrac{1}{13}(3\cos x - 2\sin x)$

(5)　$y = e^x\left(C_1 + C_2 x + \dfrac{1}{6}x^3\right)$　　(6)　$y = C_1 e^x + C_2 e^{-x} - \dfrac{1}{2}\cos x$

(7)　$y = C_1 e^{\sqrt{2}x} + C_2 e^{-\sqrt{2}x} - 4e^x$

(8)　$y = C_1 e^{3x} + C_2 e^{-3x} - \dfrac{1}{32}e^x(4x+1) + \dfrac{1}{81}(9x^2 + 2)$

(9)　$y = C_1 e^{2x} + C_2 e^{-2x} - \dfrac{1}{8}(2x^4 + 10x^2 + 5)$

(10)　$y = e^{-2x}(C_1 \cos x + C_2 \sin x) + \dfrac{3}{10}e^x + \dfrac{1}{5}x - \dfrac{4}{25}$

(11)　$y = C_1 + C_2 e^x + C_3 e^{-x} - \dfrac{1}{4}x^4 - 2x^2 - x$　　(12)　$y = C_1 e^{2x} + C_2 e^{-x} - \dfrac{1}{2}x^2$

(13)　$y = C_1 e^{5x} + C_2 e^{-2x} - \dfrac{1}{10}x^4 + \dfrac{3}{25}x^3 - \dfrac{7}{250}x^2 + \dfrac{111}{1250}x - \dfrac{1653}{12500}$

(14)　$y = C_1 e^x + C_2 e^{-x} + C_3 \cos x + C_4 \sin x - x^2 + 2x$

(15)　$y = C_1 e^{-2x} + e^x(C_2 + C_3 x) - \dfrac{1}{10}e^x(3\sin x - \cos x)$

(16)　$y = C_1 e^{-2x} + e^x(C_2 + C_3 x) - \dfrac{1}{10}e^x(3\cos x - \sin x)$

(17)　$y = C_1 e^{2x} + C_2 e^{-2x} + C_3 \cos 2x + C_4 \sin 2x - \dfrac{1}{225}e^x(15x + 4)$

(18)　$y = e^x(C_1 + C_2 x) + C_3 \cos x + C_4 \sin x + x + 2$

(19)　$y = C_1 e^x + e^{-\frac{1}{2}x}\left(C_2 \cos\sqrt{3}x + C_3 \sin\sqrt{3}x\right) - \dfrac{1}{2}\cos\left(x + \dfrac{\pi}{4}\right) - \dfrac{1}{2}\sin\left(x + \dfrac{\pi}{4}\right)$

(20)　$y = e^{2x}(C_0 + C_1 x + C_2 x^2) + \dfrac{1}{32}(\sin 2x - \cos 2x)$

(21)　$y = C_1 e^x + C_2 e^{-x} + C_3 e^{2x} + e^{2x}\left(\dfrac{1}{6}x^2 - \dfrac{4}{9}x\right)$

(22)　$y = (C_1 + C_2 x)\cos x + (C_3 + C_4 x)\sin x - \dfrac{1}{24}(3x^2 \cos x + x^3 \sin x)$

(23)　$y = e^{-x}\left(C_1 + C_2 x + \dfrac{1}{12}x^4\right)$　　(24)　$y = e^{-2x}(C_1 + x) + e^{2x}(C_2 + C_3 x + 2x^2)$

(25)　$y = (C_1 - x)e^{2x} + C_2 e^{4x} + \dfrac{1}{3}e^x$

5. オイラー形の微分方程式　……………………………【75ページ】

〔1〕 略

〔2〕(1)　$y = C_1 x^{\frac{3+\sqrt{5}}{2}} + C_2 x^{\frac{3-\sqrt{5}}{2}}$

(2)　$y = C_1 \cos(\log x) + C_2 \sin(\log x)$　　(3)　$y = C_1 x^2 + C_2 x^{-2}$

(4)　$y = x^{-2}(C_1 + C_2 \log x)$　　(5)　$y = C_1 x^{\frac{3-\sqrt{5}}{2}} + C_2 x^{\frac{3+\sqrt{5}}{2}}$　　(6)　$y = C_1 x^2 + C_2 x^{-2} + C_3 x^{-1}$

(7)　$y = x(C_1 + C_2 \log x) + 2 + \log x$

(8)　$y = x^{-1}\{C_1 \cos(\log x) + C_2 \sin(\log x)\} + \dfrac{1}{25}x(5\log x - 4)$

(9)　$y = C_1 x + C_2 x^2 + 3x^2 \log x$

(10)　$y = C_1 x^{1+\frac{\sqrt{3}}{2}} + C_2 x^{1-\frac{\sqrt{3}}{2}} - \dfrac{4}{3}x + 32 + 4\log x$

(11)　$y = x(C_1 + C_2 \log x + C_3 (\log x)^2) + \dfrac{1}{24}x(\log x)^4$

(12)　$y = C_1 x + C_2 x^2 + C_3 x^3 + \dfrac{1}{2}x \log x$

(13)　$y = x(C_1 + C_2 \cos(\sqrt{11}\log x) + C_2 \sin(\sqrt{11}\log x)) + \dfrac{1}{20}\sin(2\log x)$

(14)　$y = (x+1)(C_1 + C_2 \log(x+1))$

第5章　連立微分方程式

1. 1階連立微分方程式　　　　　　　　　　　　　　　　　【82ページ】

【1】

(1) $\begin{cases} y_1' = y_2 \\ y_2' = -\dfrac{k}{m} y_1 \end{cases}$
(2) $\begin{cases} y_1' = y_2 \\ y_2' = -2y_1 + 3y_2 + x \end{cases}$
(3) $\begin{cases} y_1' = y_2 \\ y_2' = -\dfrac{1}{x^2} y_1 + \dfrac{2}{x} y_2 + \dfrac{1}{x^2} \end{cases}$

(4) $\begin{cases} y_1' = y_2 \\ y_2' = \pm\sqrt{-y_1 - 3} \end{cases}$
(5) $\begin{cases} y_1' = y_2 \\ y_2' = y_3 \\ y_3' = -a_3 y_1 - a_2 y_2 - a_1 y_3 \end{cases}$
(6) $\begin{cases} y_1' = y_2 \\ y_2' = y_3 \\ y_3' = -2y_1 + 3y_2 \end{cases}$

(7) $\begin{cases} y_1' = y_2 \\ y_2' = y_3 \\ y_3' = -3\dfrac{y_2}{y_1} - 2x\dfrac{y_3}{y_1} + 1 \end{cases}$
(8) $\begin{cases} y_1' = y_2 \\ y_2' = y_3 \\ y_3' = \dfrac{2}{3} y_1 - \dfrac{5}{3} y_3 + \dfrac{1}{3} \sin x \end{cases}$

(9) $\begin{cases} y' = u \\ z' = v \\ u' = -2y - z \\ v' = -x + y \end{cases}$
(10) $\begin{cases} y' = u \\ u' = v \\ z' = w \\ v' = u - y + z \\ w' = -u - z \end{cases}$

【2】

(1) $\begin{cases} y_1 = x + \beta \cos x + \alpha \sin x \\ y_2 = \alpha \cos x - \beta \sin x \end{cases}$
(2) $\begin{cases} y_1 = 2x + \beta \cos x + \alpha \sin x \\ y_2 = 2 - x^2 + \alpha \cos x - \beta \sin x \end{cases}$

(3) $\begin{cases} y_1 = -1 - x + x^2 + \beta \cos x + \alpha \sin x \\ y_2 = -2 + x + \alpha \cos x - \beta \sin x \end{cases}$
(4) $\begin{cases} y_1 = 2 - x + \alpha \cos x - \beta \sin x \\ y_2 = 2 + 2x + \beta \cos x + \alpha \sin x \end{cases}$

(5) $\begin{cases} y_1 = \alpha \cos x + (x - \beta) \sin x \\ y_2 = -(x - \beta) \cos x + \alpha \sin x \end{cases}$
(6) $\begin{cases} y_1 = \dfrac{e^x}{2} + x + \alpha \cos x - \beta \sin x \\ y_2 = -1 + \dfrac{e^x}{2} + \beta \cos x + \alpha \sin x \end{cases}$

【3】

(1) $\begin{cases} x_2 - y_2 = C_1 \\ x + y + z = C_2 \end{cases}$
(2) $\begin{cases} x + y + z = C_1 \\ x^2 + y^2 + z^2 = C_2 \end{cases}$
(3) $\begin{cases} (x+y+z)(x-z)^2 = C_1 \\ (x+y+z)(y-z)^2 = C_2 \end{cases}$

(4) $\begin{cases} x + y = C_1 z \\ x^2 - y^2 = C_2 y \end{cases}$
(5) $\begin{cases} x^2 - y^2 = C_1 \\ y^2 - z^2 = C_2 \end{cases}$
(6) $\begin{cases} ax + by + cz = C_1 \\ x^2 + y^2 + z^2 = C_2 \end{cases}$

(7) $\begin{cases} x^2 - y^2 - z^2 = C_1 \\ 2xy - z^2 = C_2 \end{cases}$ (8) $\begin{cases} x + y + z = C_1 \\ xyz = C_2 \end{cases}$ (9) $\begin{cases} x^3 y^3 z = C_1 \\ x^3 + y^3 = C_2 x^2 y^2 \end{cases}$

(10) $\begin{cases} y = C_1 x \\ z = C_2 e^{\left(1 - \frac{1}{C_1}\right)x} \end{cases}$ (11) $\begin{cases} x + 2y + 2z = C_1 \\ y^3 + z^3 + y^2 z + yz^2 - C_1(y^2 + z^2) = C_2 \end{cases}$

2. 定数係数線形連立微分方程式　　　　　　　　　　　【90ページ】

〔1〕

(1) $\begin{cases} x = \left(-2 - \sqrt{7}\right) C_1 e^{\left(-2-\sqrt{7}\right)t} + \left(-2 + \sqrt{7}\right) C_2 e^{\left(-2+\sqrt{7}\right)t} + 2t \\ y = C_1 e^{\left(-2-\sqrt{7}\right)t} + C_2 e^{\left(-2+\sqrt{7}\right)t} + \dfrac{2}{3} \end{cases}$

(2) $\begin{cases} x = C_1 e^t + C_2 e^{\frac{1}{2}\left(-1-\sqrt{5}\right)t} + C_3 e^{\frac{1}{2}\left(-1+\sqrt{5}\right)t} + 1 \\ y = C_1 e^t + \dfrac{1}{2}\left(-1-\sqrt{5}\right) C_2 e^{\frac{1}{2}\left(-1-\sqrt{5}\right)t} + \dfrac{1}{2}\left(-1+\sqrt{5}\right) C_3 e^{\frac{1}{2}\left(-1+\sqrt{5}\right)t} - t^2 \end{cases}$

(3) $\begin{cases} x = \dfrac{3}{2}\left(-1+\sqrt{5}\right) C_1 e^{\frac{1}{2}\left(-5-3\sqrt{5}\right)t} + \dfrac{3}{2}\left(-1-\sqrt{5}\right) C_2 e^{\frac{1}{2}\left(-5+3\sqrt{5}\right)t} - \dfrac{4}{5} \\ y = C_1 e^{\frac{1}{2}\left(-5-3\sqrt{5}\right)t} + C_2 e^{\frac{1}{2}\left(-5+3\sqrt{5}\right)t} + t + \dfrac{1}{5} \end{cases}$

(4) $\begin{cases} x = (t - C_1 + C_2)\cos t - (t - 1 + C_1 + C_2)\sin t - \dfrac{2}{3}\sin 2t \\ y = C_1 \cos t + C_2 \sin t + \dfrac{2}{3}\cos 2t + \dfrac{1}{3}\sin 2t + t\sin t \end{cases}$

(5) $\begin{cases} x = C_1 e^{-t} + C_2 + t^3 - \dfrac{5}{2} t^2 + 3t \\ y = \dfrac{1}{3} C_1 e^{-t} - t^2 + 2t - 1 \end{cases}$

(6) $\begin{cases} x = C_1 e^{-2t} + C_2 e^{2t} + C_3 \cos 2t + C_4 \sin 2t - \dfrac{1}{2}t \\ y = C_1 e^{-2t} + C_2 e^{2t} - C_3 \cos 2t - C_4 \sin 2t - \dfrac{5}{4} \end{cases}$

(7) $\begin{cases} x = \dfrac{-13 + 3\sqrt{17}}{4} C_2 e^{-\frac{1}{2}\left(-3+\sqrt{17}\right)t} - \dfrac{13 + 3\sqrt{17}}{4} C_3 e^{\frac{1}{2}\left(3+\sqrt{17}\right)t} - \dfrac{1}{2} e^{2t} + \dfrac{1}{4} e^t \\ y = C_1 + C_2 e^{\frac{1}{2}\left(3-\sqrt{17}\right)t} + C_3 e^{\frac{1}{2}\left(3+\sqrt{17}\right)t} + \dfrac{1}{4} e^{2t} + \dfrac{1}{2} e^t + 4t \end{cases}$

(8) $\begin{cases} x = C_1 e^{-t} + C_2 e^t + \left(-\dfrac{t}{4} + C_3\right)\cos t + \left(\dfrac{t}{4} + C_4\right)\sin t \\ y = -C_1 e^{-t} - C_2 e^t + \left(-\dfrac{1}{2} - \dfrac{t}{4} + C_3\right)\cos t + \left(\dfrac{1}{2} + \dfrac{t}{4} + C_4\right)\sin t \end{cases}$

(9) $\begin{cases} x = C_1 e^{-t} + \left(C_2 \cos\left(\sqrt{2}t\right) + C_3 \sin\left(\sqrt{2}t\right)\right) e^{2t} + \dfrac{1}{3}t - \dfrac{1}{9} \\ y = C_1 e^{-t} - \dfrac{3}{\sqrt{2}}\left(C_2 \sin\left(\sqrt{2}t\right) - C_3 \cos\left(\sqrt{2}t\right)\right) e^{2t} - \dfrac{1}{6} \end{cases}$

第 5 章 連立微分方程式

(10) $\begin{cases} x = (C_1 \cos t + C_2 \sin t)e^{-t} + \dfrac{1}{2}t^2 + \dfrac{1}{2}t + \dfrac{1}{2} \\ y = (C_2 \cos t - C_1 \sin t)e^{-t} - \dfrac{1}{2}t^2 + \dfrac{3}{2}t \end{cases}$

(11) $\begin{cases} x = C_1 e^{-\frac{3t}{2}} + (C_2 t + C_3)e^t - \dfrac{1}{2}t \\ y = -\dfrac{1}{3}C_1 e^{-\frac{3t}{2}} - 2C_2(t-3)e^t - 2C_3 e^t - \dfrac{1}{3} \end{cases}$

(12) $\begin{cases} x = 0 \\ y = e^t - t - 1 \end{cases}$

(13) $\begin{cases} x = C_1 e^t + \left(C_2 \cos\left(\dfrac{\sqrt{3}}{2}t\right) + C_3 \sin\left(\dfrac{\sqrt{3}}{2}t\right)\right)e^{-\frac{1}{2}t} \\ y = C_1 e^t + \left(\dfrac{-C_2 + \sqrt{3}C_3}{2}\cos\left(\dfrac{\sqrt{3}}{2}t\right) - \dfrac{C_3 + \sqrt{3}C_2}{2}\sin\left(\dfrac{\sqrt{3}}{2}t\right)\right)e^{-\frac{1}{2}t} \\ z = C_1 e^t + \left(-\dfrac{C_2 + \sqrt{3}C_3}{2}\cos\left(\dfrac{\sqrt{3}}{2}t\right) + \dfrac{-C_3 + \sqrt{3}C_2}{2}\sin\left(\dfrac{\sqrt{3}}{2}t\right)\right)e^{-\frac{1}{2}t} \end{cases}$

(14) $\begin{cases} x = C_1 e^{-\sqrt{2}t} + C_2 e^{\sqrt{2}t} + C_3 \cos t + C_4 \sin t - \dfrac{1}{2}t^2 - \dfrac{1}{2}t + 1 \\ y = C_1 e^{-\sqrt{2}t} + C_2 e^{\sqrt{2}t} + C_2 \cos t - C_1 \sin t - \dfrac{1}{2}t^2 - \dfrac{1}{2}t \\ z = C_1 e^{-\sqrt{2}t} + C_2 e^{\sqrt{2}t} - (C_2 + C_3)\cos t + (C_1 - C_4)\sin t + \dfrac{1}{2}t^2 - \dfrac{1}{2}t - 2 \end{cases}$

(15) $\begin{cases} x = (C_1 t + C_2)e^t + C_3 e^{2t} \\ y = \left(\dfrac{1}{2}C_1 t + C_1 + \dfrac{1}{2}C_2\right)e^t + 3C_3 e^{2t} \\ z = \left(\dfrac{1}{2}C_1 t - \dfrac{1}{2}C_1 + \dfrac{1}{2}C_2\right)e^t + C_3 e^{2t} \end{cases}$

(16) $\begin{cases} x = 2C_1 e^t + 3C_2 e^{2t} - C_3 e^{3t} + \dfrac{6}{5}\cos t - \dfrac{11}{5}\sin t \\ y = 3C_1 e^t + 5C_2 e^{2t} - 2C_3 e^{3t} + \dfrac{13}{10}\cos t - \dfrac{31}{10}\sin t \\ z = C_1 e^t + C_2 e^{2t} + C_3 e^{3t} + \dfrac{7}{10}\cos t - \dfrac{3}{2}\sin t \end{cases}$

(17) $\begin{cases} x = C_1 e^{\frac{1}{6}(1-\sqrt{85})t} + C_2 e^{\frac{1}{6}(1+\sqrt{85})t} + \dfrac{1}{5}e^t \\ y = \dfrac{-9+\sqrt{85}}{4}C_1 e^{\frac{1}{6}(1-\sqrt{85})t} - \dfrac{9+\sqrt{85}}{4}C_2 e^{\frac{1}{6}(1+\sqrt{85})t} + \dfrac{9}{5}e^t \\ z = -\dfrac{11+\sqrt{85}}{4}C_1 e^{\frac{1}{6}(1-\sqrt{85})t} + \dfrac{11+\sqrt{85}}{4}C_2 e^{\frac{1}{6}(1+\sqrt{85})t} - \dfrac{6}{5}e^t \end{cases}$

〔2〕

(1) $\begin{cases} x = -\sqrt{2}C_1 e^{-\sqrt{2}t} + \sqrt{2}C_2 e^{\sqrt{2}t} - \dfrac{1}{2} \\ y = C_1 e^{-\sqrt{2}t} + C_2 e^{\sqrt{2}t} + \dfrac{t}{2} \end{cases}$

(2) $\begin{cases} x = \left(\dfrac{C_1 + \sqrt{3}C_2}{2}\cos\left(\dfrac{\sqrt{3}}{2}t\right) + \dfrac{C_2 - \sqrt{3}C_1}{2}\sin\left(\dfrac{\sqrt{3}}{2}t\right)\right)e^{\frac{t}{2}} - e^t \\ y = \left(C_1 \cos\left(\dfrac{\sqrt{3}}{2}t\right) + C_2 \sin\left(\dfrac{\sqrt{3}}{2}t\right)\right)e^{\frac{t}{2}} + 1 \end{cases}$

(3) $\begin{cases} x = \left(C_1\cos\left(\dfrac{\sqrt{23}}{2}t\right) + C_2\sin\left(\dfrac{\sqrt{23}}{2}t\right)\right)e^{-\frac{t}{2}} - \dfrac{7}{26}\cos t + \dfrac{9}{26}\sin t \\ y = \left(\dfrac{-3C_1+\sqrt{23}C_2}{4}\cos\left(\dfrac{\sqrt{23}}{2}t\right) + \dfrac{3C_2+\sqrt{23}C_1}{4}\sin\left(\dfrac{\sqrt{23}}{2}t\right)\right)e^{-\frac{t}{2}} \\ \qquad -\dfrac{4}{13}\cos t + \dfrac{7}{13}\sin t \end{cases}$

(4) $\begin{cases} x = -\sqrt{2}C_1\sin(\sqrt{2}t) + \sqrt{2}C_2\cos(\sqrt{2}t) - t - 2 \\ y = C_1\cos(\sqrt{2}t) + C_2\sin(\sqrt{2}t) + 1 \end{cases}$

(5) $\begin{cases} x = \dfrac{1-\sqrt{5}}{2}C_1 e^{\frac{1}{2}(5-\sqrt{5})t} + \dfrac{1+\sqrt{5}}{2}C_2 e^{\frac{1}{2}(5+\sqrt{5})t} \\ y = C_1 e^{\frac{1}{2}(5-\sqrt{5})t} + C_2 e^{\frac{1}{2}(5+\sqrt{5})t} \end{cases}$

(6) $\begin{cases} x = C_1 e^{\frac{1}{10}(5-\sqrt{5})t} + C_2 e^{\frac{1}{10}(5+\sqrt{5})t} \\ y = -\dfrac{1+\sqrt{5}}{2}C_1 e^{-\frac{1}{10}(-5+\sqrt{5})t} + \dfrac{-1+\sqrt{5}}{2}C_2 e^{\frac{1}{10}(5+\sqrt{5})t} \end{cases}$

(7) $\begin{cases} x = -(-1+\sqrt{3})C_1 e^{-\frac{1}{11}(1+2\sqrt{3})t} + (1+\sqrt{3})C_2 e^{\frac{1}{11}(-1+2\sqrt{3})t} - t - 3 \\ y = C_1 e^{\frac{1}{11}(-1-2\sqrt{3})t} + C_2 e^{\frac{1}{11}(-1+2\sqrt{3})t} - 3 \end{cases}$

(8) $\begin{cases} x = C_1\cos t + C_2\sin t \\ y = -C_1\sin t + C_2\cos t \end{cases}$

(9) $\begin{cases} x = C_1 e^{2t} + C_2 e^{-t} + C_3 t e^{-t} \\ y = C_1 e^{2t} + (C_2+C_4) e^{-t} + C_3 t e^{-t} \\ z = C_1 e^{2t} - (2C_2 - C_3 + C_4) e^{-t} - 2C_3 t e^{-t} \end{cases}$

(10) $\begin{cases} x = C_1\cos(\sqrt{3}t) + C_2\sin(\sqrt{3}t) + C_3 \\ y = \dfrac{-C_1+\sqrt{3}C_2}{2}\cos(\sqrt{3}t) - \dfrac{\sqrt{3}C_1+C_2}{2}\sin(\sqrt{3}t) + C_3 \\ z = \dfrac{C_1+\sqrt{3}C_2}{2}\cos(\sqrt{3}t) + \dfrac{\sqrt{3}C_1-C_2}{2}\sin(\sqrt{3}t) + C_3 \end{cases}$

(11) $\begin{cases} x = -11C_1 e^{-4t} + C_2 e^t + C_3 e^{4t} - \dfrac{3}{16}t^2 + \dfrac{1}{8}t - \dfrac{19}{128} \\ y = -3C_1 e^{-4t} - 2C_2 e^t + C_3 e^{4t} + \dfrac{1}{16}t^2 - \dfrac{1}{2}t + \dfrac{1}{128} \\ z = 29C_1 e^{-4t} + C_2 e^t + C_3 e^{4t} + \dfrac{1}{16}t^2 - \dfrac{47}{128} \end{cases}$

(12) $\begin{cases} x = C_1 e^t + C_2 e^{4t} \\ y = C_3 e^t + C_2 e^{4t} \\ z = -(C_1+C_3)e^t + C_2 e^{4t} \end{cases}$

(13) $\begin{cases} x = -4C_1 e^{-2t} - 2C_3 e^t - 1 \\ y = 2C_1 e^{-2t} + C_2 e^{-t} + C_3 e^t + 3 \\ z = 5C_1 e^{-2t} + 2C_2 e^{-t} + 4C_3 e^t + 7 \end{cases}$

【3】

(1) $\begin{cases} x = C_1 t^{-\sqrt{2}} + C_2 t^{\sqrt{2}} \\ y = -\sqrt{2}C_1 t^{-\sqrt{2}} + \sqrt{2}C_2 t^{\sqrt{2}} \end{cases}$

(2) $\begin{cases} x = (1-\sqrt{3})C_1 t^{-\sqrt{3}} + (1+\sqrt{3})C_2 t^{\sqrt{3}} \\ y = C_1 t^{-\sqrt{3}} + C_2 t^{\sqrt{3}} \end{cases}$

(3) $\begin{cases} x = \left(-\dfrac{C_1 - \sqrt{3}C_2}{2}\cos\left(\dfrac{\sqrt{3}}{2}\log t\right) - \dfrac{\sqrt{3}C_1 + C_2}{2}\sin\left(\dfrac{\sqrt{3}}{2}\log t\right)\right)t^{\frac{5}{2}} - \dfrac{1}{3}t - \dfrac{3}{7} \\ y = \left(C_1\cos\left(\dfrac{\sqrt{3}}{2}\log t\right) + C_2\sin\left(\dfrac{\sqrt{3}}{2}\log t\right)\right)t^{\frac{5}{2}} - \dfrac{1}{3}t + \dfrac{1}{7} \end{cases}$

(4) $\begin{cases} x = C_1 t^{-1} + C_2 t^2 + C_3 \\ y = -C_1 t^{-1} + 2C_2 t^2 \\ z = 3C_2 t^2 - C_3 \end{cases}$

(5) $\begin{cases} x = \dfrac{1}{6}\bigl(2(-2 + 3C_3 + 6t + \log t) - 3(C_1 - \sqrt{3}C_2)t^{\frac{3}{2}}\cos\left(\dfrac{\sqrt{3}}{2}\log t\right) \\ \qquad - 3(\sqrt{3}C_1 + C_2)t^{\frac{3}{2}}\sin\left(\dfrac{\sqrt{3}}{2}\log t\right)\bigr) \\ y = \left(C_1\cos\left(\dfrac{\sqrt{3}}{2}\log t\right) + C_2\sin\left(\dfrac{\sqrt{3}}{2}\log t\right)\right)t^{\frac{3}{2}} + \dfrac{1}{3}\log t + C_3 \\ z = \dfrac{1}{6}\bigl(2(-1 + 3C_3 + 3t + \log t) - 3(C_1 - \sqrt{3}C_2)t^{\frac{3}{2}}\cos\left(\dfrac{\sqrt{3}}{2}\log t\right) \\ \qquad + 3(\sqrt{3}C_1 - C_2)t^{\frac{3}{2}}\sin\left(\dfrac{\sqrt{3}}{2}\log t\right)\bigr) \end{cases}$

第6章　ラプラス変換

1. ラプラス変換の定義と基本定理　……………【95ページ】

[1] (1) $\dfrac{5}{s}$　(2) $\dfrac{3}{s^2}$　(3) $\dfrac{4}{s^3}$　(4) $\dfrac{4!}{s^4}$　(5) $\dfrac{2}{s^2} + \dfrac{3\cdot 4!}{s^5}$

(6) $\dfrac{1}{s-2} + \dfrac{5}{s+3}$　(7) $\dfrac{\alpha}{s^2 + \alpha^2}$　(8) $\dfrac{s}{s^2 + \beta^2}$　(9) $\dfrac{2}{s^3} - \dfrac{2}{s^2} - \dfrac{3}{s}$

(10) $\dfrac{2\alpha}{s^3} - \dfrac{2\alpha}{s^2} + \dfrac{\alpha + \beta}{s}$　(11) $\dfrac{48}{s^4} + \dfrac{72}{s^3} + \dfrac{54}{s^2} + \dfrac{27}{s}$　(12) $\dfrac{e^{-\beta}}{s - \alpha}$

(13) $\dfrac{s}{s^2 - 1}$　(14) $\dfrac{\alpha}{s^2 - \alpha^2}$　(15) $\dfrac{1}{2}\left\{\dfrac{s}{s^2 + (\alpha - \beta)^2} - \dfrac{s}{s^2 + (\alpha + \beta)^2}\right\}$

(16) $\dfrac{1}{2}\left\{\dfrac{\alpha + \beta}{s^2 + (\alpha + \beta)^2} + \dfrac{\alpha - \beta}{s^2 + (\alpha - \beta)^2}\right\}$　(17) $\dfrac{1}{2}\left\{\dfrac{s}{s^2 + (\alpha - \beta)^2} + \dfrac{s}{s^2 + (\alpha + \beta)^2}\right\}$

(18) $\dfrac{2\beta}{(s-\alpha)^2+\beta^2}$ (19) $\dfrac{s-\alpha}{(s-\alpha)^2+\beta^2}$ (20) $\dfrac{1}{2}\left\{\dfrac{1}{s}-\dfrac{4}{s^2+4}\right\}$

(21) $\dfrac{(s-1)\sin\alpha+\cos\alpha}{(s-1)^2+1}$ (22) $\dfrac{1}{(s-\alpha)^2}$ (23) $\dfrac{2}{(s-\alpha)^3}$ (24) $\dfrac{3!}{(s-\alpha)^4}$

(25) $\dfrac{2\alpha s}{(s^2+\alpha^2)^2}$ (26) $\dfrac{s^2-\alpha^2}{(s+\alpha^2)^2}$ (27) $\dfrac{6}{s^4}+\dfrac{2}{s^3}-\dfrac{1}{s^2}-\dfrac{1}{s}$ (28) $\displaystyle\sum_{j=1}^{n-1}\dfrac{j!}{s^{j+1}}$

(29) $\dfrac{1}{s^2}-\dfrac{e^{-s}(s+1)}{s^2}$ (30) $\dfrac{1}{s}(1-e^{-s\alpha})$ (31) $\dfrac{2e^{s\alpha}-(\alpha^2 s^2+2\alpha s+2)}{e^{s\alpha}s^3}$

(32) $\dfrac{1-e^{-2\pi s}}{s^2+1}$ (33) $\dfrac{s(1-e^{-2\pi s})}{s^2+1}$

〔2〕,〔3〕 略

2. ラプラス変換の性質 ……………………………【102ページ】

〔1〕 略

〔2〕(1) $\dfrac{s^2+2s+2}{s^3}$ (2) $\dfrac{8s^3+12s^2+12s+6}{s^4}$ (3) $-\dfrac{s^3-6s^2+24s-48}{s^4}$

(4) $\dfrac{32}{s^3}-\dfrac{24}{s^2}+\dfrac{9}{s}$ (5) $\dfrac{1}{(s-2)^2}$ (6) $\dfrac{s-1}{(s-3)^3}$ (7) $\dfrac{1}{(s-2)^2+1}$

(8) $\dfrac{s-3}{(s-3)^2+4}$ (9) $\dfrac{n!}{(s-\alpha)^{n+1}}$ (10) $\dfrac{2}{(s-3)^2}-\dfrac{2}{(s+2)^3}$

(11) $\dfrac{24\alpha s(s^2-\alpha^2)}{(s^2+\alpha^2)^4}$ (12) $\dfrac{2s(s^2-3)}{(s^2+1)^3}$

(13) $\dfrac{6(s^4-6\alpha^2 s^2+\alpha^4)\cos\beta-24\alpha s(s^2-\alpha^2)\sin\beta}{(s^2+\alpha^2)^4}$ (14) $\dfrac{\pi}{2}-\tan^{-1}s$

(15) $\dfrac{s^2+\alpha^2}{(s^2-\alpha^2)^2}$ (16) $\dfrac{2s}{(s^2-1)^2}$ (17) $\dfrac{\alpha\cos\beta+(s-2)\sin\beta}{(s-2)^2+\alpha^2}$

(18) $\dfrac{(s-3)\cos\beta-\alpha\sin\beta}{(s-3)^2+\alpha^2}$

〔3〕(1) $\dfrac{t^{n+2}}{(n+1)(n+2)}$ (2) $t^{m+n+1}\displaystyle\sum_{r=0}^{n}{}_nC_r\dfrac{(-1)^r}{m+r+1}$ (3) $\dfrac{e^{\alpha t}-(\alpha t+1)}{\alpha^2}$

(4) $\dfrac{2}{3^3}e^{3t}-\left(\dfrac{t^2}{3}+\dfrac{2t}{3^2}+\dfrac{2}{3^3}\right)$ (5) $\dfrac{t}{2}-\dfrac{\sin 2t}{4}$ (6) $\dfrac{1-\cos 3t}{9}$

(7) $3t + 5t^2 + \dfrac{4}{3}t^3$ (8) $\dfrac{e^{\beta t} - e^{\alpha t}}{\beta - \alpha}$ (9) $\dfrac{\beta e^{\alpha t} - (\alpha \sin \beta t + \beta \cos \beta t)}{\alpha^2 + \beta^2}$

(10) $\dfrac{(\beta \sin \beta t - \alpha \cos \beta t) + \alpha e^{\alpha t}}{\alpha^2 + \beta^2}$ (11) $\dfrac{7}{27} e^{3t} - \left(\dfrac{2}{3} t^2 + \dfrac{7}{9} t + \dfrac{7}{27}\right)$

(12) $\dfrac{t}{\alpha} - \dfrac{\sin \alpha t}{\alpha^2}$ (13) $\dfrac{1}{\alpha^2}(1 - \cos \alpha t)$

(14) $\alpha = \beta$ のとき : $\dfrac{1}{2}\left\{\dfrac{\sin \alpha t}{\alpha} - t \cos \alpha t\right\}$

 $\alpha \neq \beta$ のとき : $\dfrac{1}{\alpha^2 - \beta^2}(\alpha \sin \beta t - \beta \sin \alpha t)$

(15) $\alpha = \beta$ のとき : $\dfrac{1}{2}\left\{\dfrac{\sin \alpha t}{\alpha} + t \cos \alpha t\right\}$

 $\alpha \neq \beta$ のとき : $\dfrac{1}{\alpha^2 - \beta^2}(\alpha \sin \alpha t - \beta \sin \beta t)$

(16) $\alpha = \beta$ のとき : $\dfrac{t \sin \alpha t}{2}$

 $\alpha \neq \beta$ のとき : $\dfrac{\alpha}{\alpha^2 - \beta^2}(\cos \beta t - \cos \alpha t)$

【4】 (1) $\dfrac{12}{s^7}$ (2) $\dfrac{3s^2 - 5s - 8}{s^5}$ (3) $\dfrac{\sqrt{\pi}}{(s+2)\sqrt{s}}$ (4) $\dfrac{2}{s^3(s-1)}$

(5) $\dfrac{\alpha}{(s-\beta)(s^2 + \alpha^2)}$ (6) $\dfrac{2}{s^2(s^2 + 4)}$ (7) $\dfrac{2(s+6)}{s^4(s+3)}$

(8) $\dfrac{s}{(s-\alpha)(s^2 + \beta^2)}$ (9) $\dfrac{6}{s^3(s^2 + 9)}$ (10) $\dfrac{s-2}{s^2(s^2 + 9)}$

3. ラプラス変換の例 ……………………………【107ページ】

〔1〕 略

〔2〕 (1) $\dfrac{k e^{sl}}{s(e^{sl} + 1)}$ (2) $\dfrac{e^s - 1}{s(e^s + 1)}$ (3) $\dfrac{1 + e^{-s} + e^{-2s} - 3e^{-4s}}{s}$

(4) $\dfrac{1 - 3e^{-2s} + 5e^{-4s} - 3e^{-5s}}{s}$ (5) $\dfrac{4 - e^{-s} - e^{-2s} - e^{-3s} - e^{-4s}}{s}$ (6) $\dfrac{1}{s(e^s - 1)}$

(7) $\dfrac{2k}{s^2(b-a)}\left\{e^{-sa} + e^{-sb} - 2e^{-\left(\frac{a+b}{2}\right)s}\right\}$ (8) $\dfrac{k\{e^{sl} - (ls + 1)\}}{ls^2(e^{sl} - 1)}$

[3] (1) $\dfrac{1}{s^2+1}\cdot\dfrac{1+e^{-\pi s}}{1-e^{-\pi s}}$　　(2) $\dfrac{1}{(s^2+1)(1-e^{-\pi s})}$　　(3) $\dfrac{s(1-e^{-\pi s})+e^{-\frac{\pi}{2}s}}{(s^2+1)(1-e^{-\pi s})}$

(4) $\dfrac{e^s-e}{(s-1)(e^s-1)}$　　(5) $\dfrac{1}{s^2}-\dfrac{1+e^{-2s}}{s(1-e^{-2s})}$

(6) $\dfrac{1}{1-e^{-s}}\left\{\dfrac{4}{s^3}-\left(\dfrac{1}{s}+\dfrac{1}{s^2}+\dfrac{1}{s^3}\right)e^{-s}\right\}$

4. ラプラス逆変換 ……………………………………【113ページ】

[1] (1) 3　　(2) $2e^t$　　(3) $5e^{-2t}$　　(4) $t-2t^2$　　(5) $2t$　　(6) $\dfrac{4}{3}t^3$

(7) $2te^t$　　(8) e^t-e^{-t}　　(9) e^t-e^{-2t}　　(10) $e^{2t}+e^{-t}$

(11) $\dfrac{1}{5}(e^{3t}-e^{-2t})$　　(12) $\dfrac{1}{2a}(e^{at}-e^{-at})$　　(13) $e^{3t}+2$　　(14) $1-e^{-2t}$

(15) $1+t+e^{-t}$　　(16) $1+te^{-t}$　　(17) $5\cos t+2\sin t$

(18) $\dfrac{2}{\sqrt{3}}\sin\sqrt{3}t-3\cos\sqrt{3}t$　　(19) $\dfrac{1}{4}\cos\dfrac{t}{2}-\dfrac{3}{2}\sin\dfrac{t}{2}$　　(20) $\dfrac{1}{2}t^2e^t$

(21) $1-\cos t+2\sin t$　　(22) $1+\dfrac{3}{2}t-\cos\sqrt{2}t-\dfrac{3}{2\sqrt{2}}\sin\sqrt{2}t$

(23) $\dfrac{1}{4}(e^{2t}-e^{-2t})-\dfrac{1}{2}\sin 2t$　　(24) $\dfrac{3}{2}e^t\sin 2t$　　(25) $e^{2t}\left(\cos\sqrt{2}t+\dfrac{3}{\sqrt{2}}\sin\sqrt{2}t\right)$

(26) $\delta(t-1)*e^{2t}$　　(27) $\dfrac{1}{2}\left\{\delta(t-2)*e^{\frac{1}{2}t}\right\}$　　(28) $\delta(t-3)*t$

(29) $\dfrac{1}{\sqrt{2\pi}}\dfrac{1}{\sqrt{t}}$　　(30) $\dfrac{e^{at}}{\sqrt{t}}$　　(31) $\dfrac{2}{\Gamma\left(\frac{3}{2}\right)}\sqrt{t}=\dfrac{4}{\sqrt{\pi}}\sqrt{t}$　　(32) $\dfrac{3t^{\frac{3}{2}}}{\Gamma\left(\frac{5}{2}\right)}=\dfrac{4}{\sqrt{\pi}}t\sqrt{t}$

[2] (1) $t\sin t$　　(2) $\dfrac{1}{4}t\sin 2t$　　(3) $\dfrac{1}{a}\sin at+\dfrac{t}{a}\sin at$

(4) $\dfrac{1}{2}\left(\dfrac{\sin 2t}{2}-t\cos 2t\right)$　　(5) $\dfrac{1}{2}(\sin t-t\cos t)$　　(6) $\dfrac{t}{2}-\dfrac{\sin 2t}{4}$

(7) $2-2\cos t+\dfrac{1}{2}\sin t-\dfrac{1}{2}t\cos t$　　(8) $\sin t-\dfrac{1}{2}\sin 2t$

(9) $1-2\cos t+\cos\sqrt{2}t$　　(10) $1+3t-(\cos t+3\sin t)$　　(11) $\dfrac{1-e^t}{t}$

(12) $\dfrac{e^{-t}-e^{2t}}{t}$　　(13) $\dfrac{e^{-2t}+e^{2t}-e^t-e^{-t}}{t}$　　(14) $\dfrac{e^t+e^{-2t}}{t}$

(15) $\dfrac{e^{-t}+e^{-4t}-e^{2t}-e^{3t}}{t}$　　(16) $\dfrac{e^{3t}+e^{-5t}-2}{t}$

5. 微分方程式の解法 ……………………………………【116ページ】

【1】 (1) $y = e^{3t} + e^{-2t}$ (2) $y = e^{2t} + e^{-t}$ (3) $y = 2e^t + 2e^{-t}$

(4) $y = 2e^t + e^{-\frac{t}{2}} \cos \frac{\sqrt{3}}{2} t$ (5) $y = e^t + e^{-t}$ (6) $y = e^t - t - 1$

(7) $y = e^{\frac{3}{2}t} + \frac{1}{5} e^{4t}$ (8) $y = e^{-t} - 3t$ (9) $y = e^{3t} - \frac{3}{8} e^t$

(10) $y = e^t + \frac{3}{34} \sin t + \frac{5}{34} \cos t$ (11) $y = 1 + e^{2t} + t^2 + \sin t$

(12) $y = e^t + e^{-t} - (2t + 3)$ (13) $y = e^t + te^t + \frac{1}{6} t^3 e^t$

(14) $y = 1 + e^t + e^{-t} - \frac{t^4}{4} - 4t^2 - t$ (15) $y = e^t(\cos\sqrt{3}t + \sin\sqrt{3}t) + \left(\frac{t}{3} + 1\right)e^t$

(16) $y = e^t - te^t + \frac{1}{2}\cos\left(t + \frac{3}{4}\pi\right)$ (17) $y = \sin 3t + \frac{t}{8}\sin t - \frac{1}{32}\cos t$

(18) $y = e^{-3t}\cos 4t + t^2 - t + \frac{3}{5}$ (19) $y = e^t + e^{-t} + \left(\frac{t^2}{6} - \frac{4}{9}t\right)e^{2t}$

(20) $y = e^t + \sin t + \frac{t}{4}(\cos t + \sin t) - t - 1$

【2】 (1) $y = e^{2t} + e^{-2t}$ (2) $y = e^{\sqrt{2}t} + \frac{1}{2} e^{2t}$ (3) $y = \cos 3t + \sin 3t$

(4) $y = \sin 2t + \frac{t^3}{4} + \frac{t}{8}$ (5) $y = e^t - e^{-t} - \frac{1}{5}\cos 2t$ (6) $y = 1 + e^{3t} + \frac{2}{3} te^{3t}$

(7) $y = \frac{4}{17}\cos t - \frac{1}{17}\sin t$ (8) $y = e^{-2t}(\cos t - \sin t) + \frac{t}{5} - \frac{4}{25} + \frac{3}{10}e^t$

(9) $y = e^t(\cos t + \sin t) - \frac{3}{5}\sin t - \frac{1}{5}\cos t$ (10) $y = \frac{1}{2} e^{4t} \sin 2t + e^{3t}$

(11) $y = e^t + te^t + e^{-t}$ (12) $y = e^t + e^{-\frac{t}{2}} \sin \frac{\sqrt{3}}{2} t$ (13) $y = 3 + t + e^{-t} - \frac{a}{2} t^2$

(14) $y = e^t + \sin t - t^2 + 2t$ (15) $y = e^t - \frac{1}{2} e^{2t}$

(16) $y = e^t - te^t + 2e^{2t} + \frac{\cos t}{5} - \frac{2}{5}\sin t$

6. 連立微分方程式の解法 ……………………………【122ページ】

【1】
(1) $\begin{cases} x = e^{\sqrt{2}t} + e^{-\sqrt{2}t} - \frac{1}{2} \\ y = \frac{1}{\sqrt{2}}\left(e^{\sqrt{2}t} - e^{-\sqrt{2}t}\right) + \frac{t}{2} \end{cases}$ (2) $\begin{cases} x = (1+t)e^{2t} \\ y = te^{2t} \end{cases}$ (3) $\begin{cases} x = -te^{-t} \\ y = -(1-t)e^{-t} \end{cases}$

(4) $\begin{cases} x = e^{-4t} + \dfrac{3}{4} \\ y = -e^{-4t} + \dfrac{1}{4} \end{cases}$
(5) $\begin{cases} x = te^{-t} - t^2 + 6t - 8 \\ y = (1-t)e^{-t} + t^2 - 5t + 7 \end{cases}$

(6) $\begin{cases} x = e^{2t} + te^{3t} \\ y = -2e^{2t} - (1+t)e^{3t} \end{cases}$
(7) $\begin{cases} x = \left(2t - \dfrac{5}{2}\right) + 2e^{-\frac{2}{3}t} \\ y = \left(\dfrac{1}{2}t - \dfrac{5}{4}\right) + e^{-\frac{2}{3}t} \end{cases}$
(8) $\begin{cases} x = \cos t - \sin t \\ y = -2\cos t + \sin t \end{cases}$

(9) $\begin{cases} x = \dfrac{2}{3}t^2 - t + 1 \\ y = \dfrac{2}{3}t^2 + t + 1 \end{cases}$
(10) $\begin{cases} x = \dfrac{1}{2}e^{2t} + \dfrac{1}{3}e^{t} \\ y = -\dfrac{5}{6}e^{t} \end{cases}$

(11) $\begin{cases} x = \cos t + \sin t + \cos 3t + \sin 3t \\ y = -\cos t + \sin t + \cos 3t - \sin 3t \end{cases}$

(12) $\begin{cases} x = \cos t + \sin t + \cos 4t + \sin 4t + \dfrac{7}{16} \\ y = -\cos t + \sin t + \cos 4t - \sin 4t + \dfrac{t}{4} \end{cases}$
(13) $\begin{cases} x = -\dfrac{1}{2}e^{2} + t + 1 \\ y = \dfrac{3}{4}e^{2t} - \dfrac{t^2}{2} - t \end{cases}$

(14) $\begin{cases} x = e^{-t} - 2t \\ y = 2t + 1 \end{cases}$
(15) $\begin{cases} x = 1 \\ y = e^{t} - 1 \end{cases}$
(16) $\begin{cases} x = 2e^{-t} + e^{-4t} + 11e^{4t} \\ y = -2e^{-t} + e^{-4t} + 3e^{4t} + 1 \\ z = e^{-t} + e^{-4t} - 29e^{4t} \end{cases}$

(17) $\begin{cases} x = 2e^{t} + 3e^{2t} - e^{3t} \\ y = e^{t} + e^{2t} + e^{3t} \\ z = 3e^{t} + 5e^{2t} - 2e^{3t} \end{cases}$

[2]
(1) $\begin{cases} x = e^{-t} + e^{3t} \\ y = 2e^{-t} - 2e^{3t} \end{cases}$
(2) $\begin{cases} x = (t+1)e^{2t} \\ y = (t+2)e^{2t} \end{cases}$
(3) $\begin{cases} x = e^{-t} + 2e^{4t} \\ y = -e^{-t} + 3e^{4t} \end{cases}$

(4) $\begin{cases} x = 3e^{t} + e^{5t} - \dfrac{5}{3}e^{2t} \\ y = -e^{t} + e^{5t} - \dfrac{2}{3}e^{2t} \end{cases}$
(5) $\begin{cases} x = (1 + t + t^2)e^{t} \\ y = (2 + 2t + t^2)e^{t} \end{cases}$
(6) $\begin{cases} x = \cos\sqrt{2}t + \sin t \\ y = \dfrac{1}{\sqrt{2}}\sin\sqrt{2}t \end{cases}$

(7) $\begin{cases} x = e^{2t} + e^{-t} \\ y = e^{2t} + e^{-t} \\ z = e^{2t} - 2e^{-t} \end{cases}$
(8) $\begin{cases} x = (1-t)e^{t} - 3e^{2t} \\ y = (6 - 2t)e^{t} - e^{2t} \\ z = (4 - t)e^{t} - e^{2t} \end{cases}$
(9) $\begin{cases} x = 2e^{3t} - 2e^{6t} \\ y = 2e^{3t} + e^{6t} \\ z = e^{3t} + 2e^{6t} \end{cases}$

(10) $\begin{cases} x = \cos t + \sin t + \cos 2t + \sin 2t \\ y = -\cos t - \sin t + 2\cos 2t + 2\sin 2t \end{cases}$

第7章 応用問題

1. 力 学 ……………………………………………【137ページ】

[1]　$v_0 = \sqrt{g\left(\sqrt{a^2+b^2}+b\right)}$　　[2]　$\dfrac{2v_0}{g}\dfrac{\cot(\alpha+\beta)}{\tan\alpha+\tan\beta}$

[3]　$x = l\cos\left(\sqrt{\dfrac{k}{2m}}\,t\right)$　　[4]　$\theta = \dfrac{1}{2}\sin^{-1}\left(\dfrac{2lg}{v_0^{\,2}}\right)$　　[5]　$L = 2\pi\sqrt{\dfrac{m}{2k}}$

[6] (1) 1695.26〔秒〕= 28.25〔分〕　(2) 4011.04〔秒〕= 66.85〔分〕

[7]　$S = \dfrac{\sqrt{2ga}}{k}\sqrt{x}$　　[8]　$\cos^{-1}\dfrac{2xa}{Lv}$　　[9]　6.4〔cm〕　　[10]　8.4〔cm〕

2. 電気回路 ……………………………………………【146ページ】

[1]　$I(t) = \dfrac{E}{R}e^{-\frac{1}{CR}t}$　　[2]　$C = 0.12$〔μF〕, $R = 12$〔Ω〕　　[3]　$I(t) = 10^{-4}e^{-\frac{1}{4.7}t}$

[4] (1) $R_1 = 1.2$〔kΩ〕　(2) $W = 4.09\times 10^{-9}$〔J〕

[5]　$I(t) = 0.756\,e^{-2500t}\sin(6614t)$

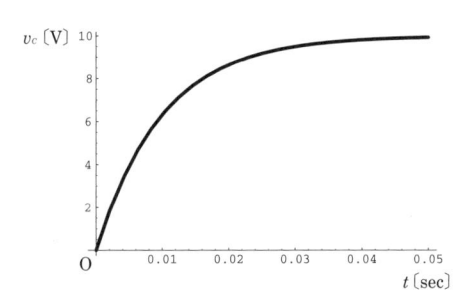

[6]　$v_C(t) = \dfrac{q(t)}{C} = 10\left\{1 - e^{-2.5\times 10^5 t}\left(\cosh 2.5\times 10^5 t + \sinh 2.5\times 10^5 t\right)\right\}$

[7]　$\tau = 2.98\times 10^{-7}$〔秒〕

24 解　答

〔8〕　$I_1(t) = \dfrac{1}{500} - 0.001 \times e^{-1.08696 \times 10^6 t} - 0.001 \times e^{-925926 t}$

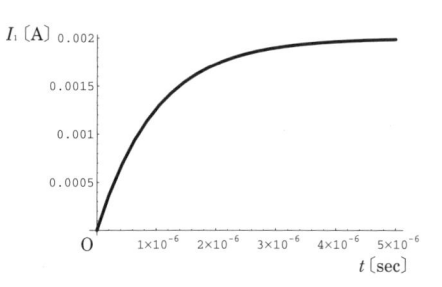

$I_2(t) = 0.001 \left(e^{-925926 t} - e^{-1.08696 \times 10^6 t} \right)$

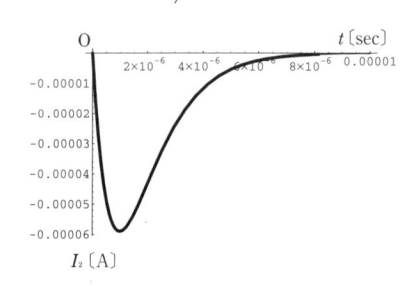

〔9〕　略

〔10〕

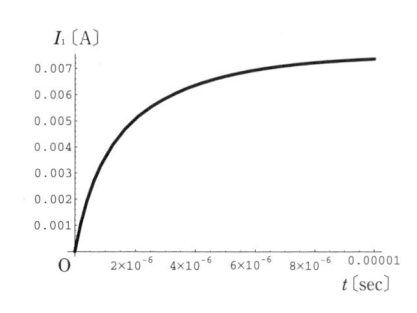

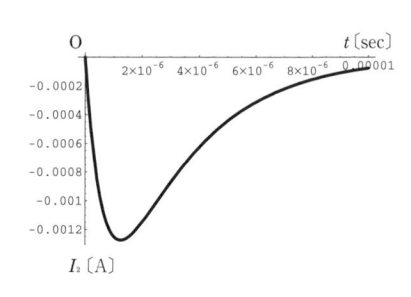